減醣常備菜150

營養師親身實證
一年瘦20kg的瘦身菜

主婦之友社 編
何姵儀 譯

悅知文化

瘦身菜，從常備料理做起

[少了做菜的壓力，多了享受美食的悠閒]

近年來「減醣瘦身法」蔚為風潮，雖然這種瘦身方式，食材選用上，有別於以往限制熱量達到瘦身目的的料理形式，卻聽到不少親身實行的人表示：「超有感！越吃越苗條」「立即見效」「很容易持續下去」！而這次我們把焦點放在「減醣」料理上，為大家介紹「就算大啖一頓，也能瘦得漂亮的佳餚」。

這本減醣食譜的根本概念是「瘦身常備菜」。我想曾經對減醣瘦身法感到挫敗的人當中，應該有不少人覺得「想瘦身，光靠外食跟市售便當，是無法長久持續下去的」「可以吃的東西非常有限，每次都在便利商店繞半天，不知道要買什麼」。如果你忙到沒辦法餐餐自炊，卻又想要靠限制醣類有效瘦身，那不可或缺的就是這本《減醣常備菜150》。只要每次多做一些備用，不僅可以享用好幾天，你也會發現，料理的味道隨著時間增加而越來越入味、越來越好吃。

只要冰箱裡有常備菜，心裡的壓力少了，飲食生活也會更加充實豐富。除了當作正餐的主菜與配菜，還可以帶便當，無需煩惱隔天的午餐，瘦身飲食可以日日持續。此外，在把速食或糖果餅乾當作點心吃下肚前，不妨用常備料理來代替零食吧！如此一來，就能瘦得美麗又迅速，搖身擁有理想中的體態。

不管多忙，希望每個人都可以擁有更充實、健康的飲食生活。所以如果想在不放棄美食的前提下，保持健美體質，能完成這個夢想的就非《減醣常備菜150》莫屬了。

主婦之友社「瘦上癮」研究團隊

目錄 Contents

最受歡迎的10道基本款減醣常備菜

Part.1

蔬菜

綜合蔬菜

Part.2

肉類

Part.3
海鮮

Part.4

蛋奶豆腐

Part.5
燉煮與湯品

Part.6
醬料與基底

Part.7
甜點

COLUMN

含醣量・熱量標記

基本上一餐標記為「1/4份含醣量」。可以根據食用的份量，掌握自己吃了大約多少公克的醣類。

◆湯類以外的料理是，以不飲用殘留在保存容器、鍋子與其他容器中的煮汁、沾醬與醃醬為前提來計算的。這是為了控制醣類及鹽分攝取，除非必要，否則盡量不要喝下湯汁。

◆以瘦身為目的，進行減醣飲食生活，基本上每餐醣類攝取份量若以20g為標準，就能明顯感受到瘦身效果。因此，若要在一餐中同時利用本書介紹的數道菜肴時，請儘可能把總醣類攝取量控制在20g上下。

建議保存時間

每道料理都會標示出保存方法與保存時間的參考值。不過，實際的保存狀況還是會隨著氣候、冰箱的機種、冰箱開關次數等環境因素而異。故保存時以此為參考，並儘可能及早食用完畢。

PART.1 白色 蔬菜

芹菜鮪魚
拌奶油起司

冷藏保存 3~4 天 | 1/4分含醣量 1.8 g | 熱量 229 kcal

材料（適量）

芹菜　2根
鹽　1/2小匙
罐頭鮪魚（水煮）　70g
奶油起司　100g
鹽、胡椒　各少許
甜椒粉　適量

作法

1.芹菜洗淨後莖切薄片，菜葉切段，撒鹽輕揉，並將釋出的水分擰乾。

2.將1與搗碎的鮪魚及退冰的奶油起司混和攪拌後，撒上鹽與胡椒調味。盛入容器，依喜好撒上甜椒粉。（牛尾）

Point
白色蔬菜是植物生化素的寶庫
洋蔥與青蔥的香氣具有清血的功能，白蘿蔔的辛辣具有強大的抗氧化作用。除外還能夠預防手腳冰冷、締造美麗肌膚呢。

56

韓式豆芽拌青蔥

冷藏保存 3 天 | 1/4分含醣量 2.0 g | 熱量 63 kcal

材料（適量）

豆芽菜　2袋（400g）
青蔥　2/3把

A
雞湯粉　2/3小匙
鹽　1/2小匙
胡椒　少許
胡麻油　1又1/3大匙

作法

1.豆芽菜洗淨後去除鬚根，放入耐熱容器中，蓋上一層保鮮膜，微波加熱6分鐘後再將容器裡多餘的水分倒掉。

2.青蔥切4㎝長，趁1還沒冷卻時加入其中。

3.將A調勻後與2拌勻。依喜好撒上白芝麻或附上些許豆瓣醬。（瀨尾）

咖哩醋花椰

冷藏保存 1 週 | 1/4分含醣量 3.2 g | 熱量 30 kcal

材料（適量）

花椰菜　1小顆（果肉300g）
壽司醋（市售）　4大匙
咖哩粉　1大匙

作法

1.花椰菜洗淨後分切成小朵。

2.水2杯、壽司醋與咖哩粉倒入不鏽鋼或琺瑯鍋中，煮沸後加入花椰菜，一邊攪拌一邊煮約1分鐘即可起鍋。（今泉）

57

材料說明

一般標示適量（基本上為4人份）。

重點提示

會提供這道菜的烹調小技巧和減醣瘦身的小知識，是非常受用的一個部分。

作法說明

從步驟1開始，依序製作。建議烹調前，先大致記下步驟後再動工吧！

◆1小匙是5ml，1大匙是15ml，1杯是200ml。

◆烹煮時的火候如果沒有特地註明，請以中火烹調。

◆微波加熱的時間如果沒有特地註明，是以500W的機種為標準。600W的機種微波時間約0.8倍。此外，每個機種的加熱時間多少有些差異，最好視情況調整。

◆使用的平底鍋原則上為不沾鍋。

◆高湯指的是以昆布或柴魚片為主的日式高湯（也可用市售品）。一般的湯頭則是用高湯粉或高湯塊加水調成的西式與中式高湯。

◆蔬菜類除非特別註明，否則是以完成清洗與削皮等作業來說明步驟。這裡的蔬菜包含蕈菇與豆類在內。

◆所謂的「減醣」是指醣類含量不到0.5g的總稱。

醣類Off！恢復曼妙體態的好方法

日本營養師麻生怜未親身示範

不復胖的瘦身生活

大魚大肉，還是瘦了！

37歲時，我在一年內瘦下20公斤。還記得那陣子正流行冷涮肉片沙拉，愛上那滋味的我，赫然發現自己從早到晚都在吃，而且是一邊挑選各種不同肉類與魚類，一邊搭配各種蔬菜，直到吃飽為止。

當時光是這道料理就已經把我的肚子填飽了，自然無法再吃白飯或麵包等碳水化合物的餘地。我並沒有刻意「不吃碳水化合物」，是自然而然形成這樣的飲食生活。在持續了好幾個月後，我就這樣越吃越瘦，沒想到在一年的時間內，竟然減少了20公斤。雖然短時間內瘦了，但我的氣色並沒有變差，身體狀況也不錯，非常健康，而且身體變得非常輕鬆，皮膚更是充滿光澤。

瘦身的營養關鍵在減醣

一瘦下來，身旁的人就會開始問「怎麼瘦的」？剛開始，只是有部分朋友模仿

65kg

30歲後半因為工作壓力而發胖，當時深受膝蓋與腰痛之苦。

Profile

麻生怜未 51歲

營養師。曾任某大出版社的編輯與寫手，畢業於服部營養專門學校營養士科。現在日本以營養師的身分擔任各大企業特定保健指導與營養諮詢。曾於醫院臨床研究中監修營養療法。指導瘦身將近6000人，料理部落格更是經常出現在瘦身、美容類排行榜上。

37歲時，靠著「減醣瘦身法」成功減重20公斤、現年51歲的麻生怜未小姐，以過來人的經驗，同時以營養師的身分，與大家分享利用減醣飲食瘦身的訣竅。

After

45kg

沒有花太多時間就瘦了20公斤。不但沒有復胖，體重還一直維持至今。減醣飲食生活加上一直以來都很有興趣的芭蕾舞，現在不但保持曼妙身材，也有好體力。

我的飲食型態，沒想到竟然也接二連三地瘦身成功。吃了這麼多肉還是瘦了，真是太神奇了。

當時瘦身的主流不是「無油」就是「限制熱量」，而我做的事情卻完全相反。沙拉淋醬裡不但有油，肉的熱量也不低。當然，那時候根本就沒有「減醣」的概念。那為什麼這麼做會瘦？為了理解箇中源由，我踏上了營養學這條路。而我的人生因為親身體驗限制醣類這個方法而瘦下來後，也跟著截然不同。雖然「減醣」瘦身時至今日已行之有年，但依舊深受大家支持，並且也是許多人都親身證實的瘦身法。

瘦了！
皮膚變好了！
頭髮變柔順了！
頭腦變得更清醒了！

我現在依舊悠哉地過著減醣生活，也因此得以在這十年來，維持體重與體型不變。

實踐減糖瘦身前的基本概念

善用高蛋白質、高脂肪料理

Point 1

「減醣」不等於「去醣」

提到減醣，有人會受到「減少」與「限制」這兩個概念的影響，反而飲食的總量越來越少，不但熱量攝取不足，身心也會越來越煎熬，最終導致瘦身挫敗。所謂的減醣，其實是要鼓勵人們充分攝取肉、魚與蛋等蛋白質以及油脂，藉此控制醣類的攝取。因為完全不吃東西的瘦身法是行不通的。**瘦身的前提就是，一定要吃飽。**

放心大口吃肉與魚吧！

營養師的三餐建議

- **早** 常備雞肉、煎羊小排等肉類豐富的沙拉
- **午** 水煮蛋、毛豆
- **點心** 椰奶咖啡
- **晚** 外食吃瘦肉牛排　自炊吃魚類料理

不精密計算，善用目視測量

Point 2

充分利用盤菜計量法

雖然大家還是可以參考P.32，精確計量肉與蔬菜的公克數，可是人一忙起來，要一一測量每道菜的份量，真的會讓人十分煩躁呢！所以在這裡介紹大家一個只要看一眼就可以抓出適當食物份量的方法。

首先，手邊準備一個平盤（直徑26cm），**盤子的一半盛入肉類等蛋白質，另外一半盛入蔬菜、海藻與蕈菇等料理**，蔬菜記得淋上有益身體的亞麻仁油。這樣，就是一餐份量的餐點。當然，肉、魚與蔬菜的份量還可以比這個更多一些，但事實上，這樣其實已經足夠一個體型中等的成年人飽餐一頓了。

全球各地正流行常備料理

省時省力的料理形式

我想大聲對前來諮詢營養的人們說：**「如果想瘦，那就自己做飯吧！」**畢竟外食與加工品在調味時通常都會使用許多砂糖與添加物，讓人吃了遲遲瘦不下來，是不可否認的事實。只要自己動手做，不但可以掌握材料與調味料，還可以調整份量。但只是，無法天天下廚的大有人在，所以我極力建議大家多做一些，當作常備菜。

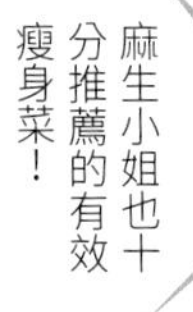

沙拉雞肉片P.22

醋醃蕈菇P.160

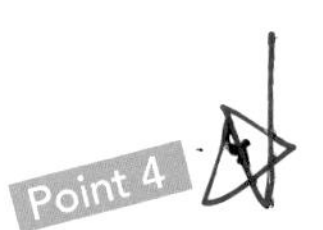

起步很重要！前兩週是關鍵

先測試自己的飲食習慣

減醣瘦身法成功的關鍵在於**「前兩個禮拜無論如何都要撐下去」**。雖然有的方法是慢慢減去醣類，但是拖拖拉拉的話，就像同時踩下快門與煞車，反而讓身體意外地感到疲憊，加上心裡頭又依依不捨，這樣不管進行多久，還是無法脫離醣類的。只要狠下心來減少兩個禮拜的醣類，我相信一定會有所結果的。

各種食品的含醣量

低醣食材

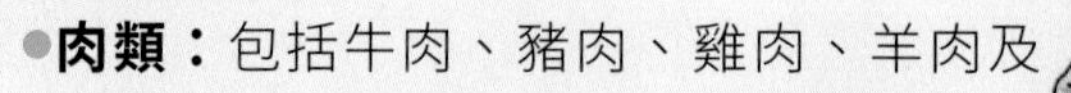

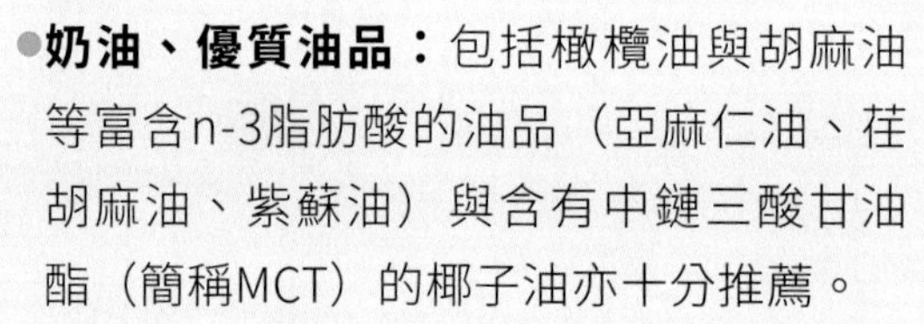

- **肉類：**包括牛肉、豬肉、雞肉、羊肉及肉類加工品。
- **海鮮類**
- **豆製品：**豆腐、油豆腐、腐皮、豆漿、納豆等，豆漿要挑選無調整豆漿。
- **蛋**
- **奶油、優質油品：**包括橄欖油與胡麻油等富含n-3脂肪酸的油品（亞麻仁油、荏胡麻油、紫蘇油）與含有中鏈三酸甘油酯（簡稱MCT）的椰子油亦十分推薦。
- **蔬菜類：**以葉菜類為主。
- **海藻**
- **蕈菇**
- **起司**
- **核果類**
- **蒟蒻**

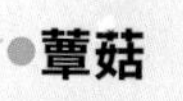

這些食材請慎選種類食用

- 水果類：酪梨、檸檬等
- 豆類：大豆、毛豆等
- 酒類：蒸餾酒（燒酒、伏特加、威士忌）
- 無醣發泡酒或燒酎蘇打汽水：葡萄酒以少量辛口葡萄酒（2杯左右）為佳。
- 調味料：鹽、胡椒、醬油、醋、美乃滋、芥末醬、香草植物、香辛料。

高醣食材

- **澱粉類：**飯、麵類、義大利麵、麵包、麥片等。
- **零食類：**糖果、餅乾與糕點等。
- **含麵粉加工品：**咖哩塊、水餃與燒賣皮等。
- **果乾**
- **飲料類：**市售蔬菜汁、果汁、添加人工甘味料的飲品。

陷阱！這些食材含醣量高

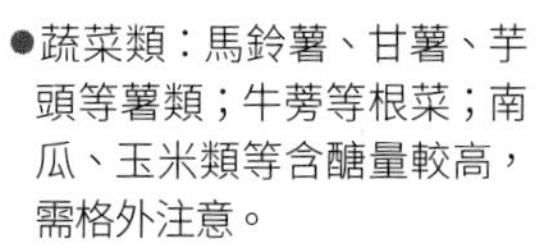

- 蔬菜類：馬鈴薯、甘薯、芋頭等薯類；牛蒡等根菜；南瓜、玉米類等含醣量較高，需格外注意。
- 酒類：啤酒、日本酒、梅酒等釀造酒；水果酒與雞尾酒等較甜的酒類。
- 調味料：砂糖、味醂、番茄醬、香醋醬、市售沙拉醬。

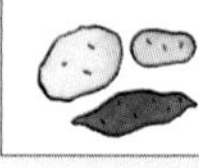

請適量攝取！

- 牛奶、優格：含有乳糖，請酌量攝取。
- 水果類：葡萄柚、草莓、西瓜
- 蔬菜類：番茄、胡蘿蔔

不要陷入飲食陷阱中

醣類攝取少了，體態變輕盈

如果你以為「醣類＝砂糖，所以少吃蛋糕、餅乾就好」，那可就大錯特錯了。醣類並非只包含在砂糖裡。站在營養學的角度來看，所謂醣類，是指碳水化合物中除了膳食纖維以外的物質，但因為其中的膳食纖維含量非常少，所以只要記住「碳水化合物主要是由醣類所構成就肯定沒錯，像米飯、麵包、麵類及粉類，含醣量都非常多。

當然，砂糖裡也含有醣類，因此也要注意砂糖與甘味料等調味料的攝取。蔬菜中的薯類也含有不少碳水化合物，千萬不要跌入這個陷阱，在開始減醣飲食前，請先大致理解食品的含醣量。

營養標示：每 100g

熱量	65 大卡
蛋白質	3.9g
脂肪	3.1g
碳水化合物	5.4g
鈉	47mg
鈣	120mg

嗜醣飲食，「瘦不了」的原因是？

醣類肥胖的負循環

1. **過度攝取醣類**

2. **身體優先代謝醣類**
身體的熱量來源有三：醣類、蛋白質、脂肪。一旦攝取醣類物質，人體就會當作熱量優先代謝。

3. **延後代謝體脂肪**
身體要等到醣類全部都代謝完後，才會開始轉為脂肪代謝。因此，過度攝取醣類，會使得身體一直處於無法代謝脂肪的狀態。

4. **身體分泌名為「肥胖荷爾蒙」的胰島素**
血液中的含醣量可藉由荷爾蒙來控制，只要血醣值上升，胰臟就會分泌出一種名為胰島素的荷爾蒙。但胰島素只會將需要的份量轉化成熱量，剩下的就會變成脂肪囤積在體內，所以，人們才會把胰島素稱為「肥胖荷爾蒙」。

變胖

市售食品的含醣量

確認卡路里時看「熱量」欄位，若想知道含醣量，則要看營養標示表中的「碳水化合物」欄位。醣類，指的是扣除膳食纖維後的碳水化合物，只是這類食品的膳食纖維含量絕大多數都非常稀少，因此，不妨直接把碳水化合物視為醣類。

無需計較熱量

只要控制攝取含醣量多的食品，不但無需在意熱量，還能充分攝取身體在養成瘦身體質時所需的熱量。所以，對於熱量根本就無需斤斤計較，大口享受肉與魚也沒問題。

高糖食物

白飯

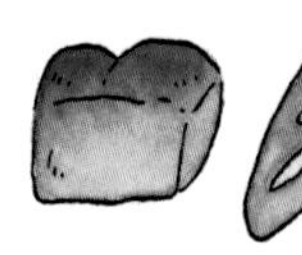

麵包

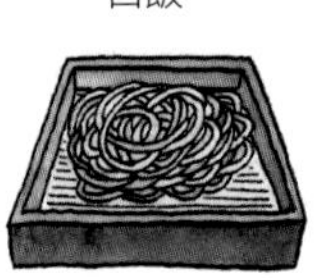

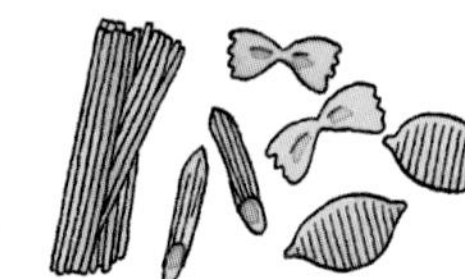

義大利麵

零食（餅乾、蛋糕、仙貝、洋芋片等糕餅）

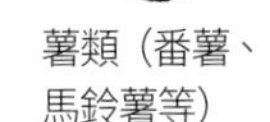

薯類（番薯、馬鈴薯等）

減醣飲食，「瘦下來」的原理是？

減醣瘦身的正循環

1 控制醣類▶大量攝取蛋白質、脂肪、維生素

所謂減醣，其實就是少吃飯與麵包等碳水化合物，透過充分攝取肉或魚等蛋白質、優質的油脂、蔬菜，補充維生素的飲食生活。

2 只要控制醣類攝取，熱量線路就會改變

提供熱量的醣、蛋白質與脂肪中，如果身體裡的醣類不多，人體燃燒蛋白質的線路就會切換成燃燒脂肪的線路。

3 燃燒體脂肪

脂肪一分解，就會在體內產生「酮體」，替代葡萄糖，轉化成人體的第二熱量來源，充分燃燒體脂肪。

4 養成瘦身體質

酮體會變成全身熱量的來源。如此一來就不會分泌胰島素這個肥胖荷爾蒙，養成不易發胖的體質。

瘦下來

NG 烏龍麵套餐

總含醣量	總熱量
72.9 g	542 kcal

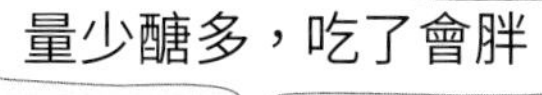

熱量雖低，但含醣量超高，營養也不均衡。

如果你覺得烏龍麵是和食所以非常健康，那就大錯特錯了，因為裡頭可是含有大量碳水化合物，也就是醣類。冬粉雖然給人吃了會瘦的印象，但其中的醣類含量其實不少。就連日式口味的滷魚，也是加了砂糖好讓整體口味變得更香甜，醣類含量爆表。

OK 香煎雞排套餐

總含醣量	總熱量
8.8 g	819 kcal

量多醣少，吃了會瘦

日式鮭魚豆皮比薩 P.159

油漬鮪魚P.24

義大利
什錦蔬菜湯P.138

香煎雞排佐
醋醃蕈菇P.161

大碗滿意的香煎雞肉淋上油製淋醬，菜色豐盛，營養均衡。

利用肉類、起司與蛋充分攝取蛋白質，還能攝取大量蔬菜。調配油製淋醬時記得多用優質的油脂喔。

減醣常備菜的6大優點

冰箱裡的減醣料理，讓瘦身更簡單了

Point 1

當作正餐，想吃就吃

多做一些放在冰箱裡，不管多忙、多累也不用擔心，方便又簡單！

Point 2

只要夾進去當便當菜即可

雖然短時間內瘦了，但中午吃自己帶的便當，還是遠勝於吃便利商店的食物甚至外食！只要冰箱裡有常備菜，不管早上多忙，把菜夾進便當裡就好。

Point 3

不用靠糖果、餅乾或外食來填飽肚子

想吃點東西墊墊肚皮時，無須依靠外面賣的熟食或便當。想吃糖果、餅乾當作點心，不如吃事先做好的沙拉、配菜甚至甜點，來得有健康概念。

花費最少的時間與勞力，卻能擁有最佳的飽足感。而且有肉、有魚，還能喝酒。難怪可以這麼輕鬆地持續下去！

Point 4

臨時想喝酒，隨時都有下酒菜

不用強忍想小酌一番的欲望，是減醣瘦身法的魅力之一。記得挑些無醣發泡酒與燒酒，碟子裡夾些常備菜，好好享用一番吧。

Point 5

食材豐富，營養均衡

除了本書的減醣常備菜，只要另外再加上生菜沙拉，營養就完美無缺了！不僅如此，還可以充分攝取蛋白質、脂肪、維生素與礦物質。

Point 6

食材充分利用，絲毫不浪費

肉、魚與蔬菜等容易腐壞的食材烹調時多做一些吧。這樣不但可以延長享用的時間，而且不會造成浪費，常備菜真是省荷包啊。

減醣飲食的醣分攝取

選擇適合自己的方式，是瘦身的第一步

快速瘦！

斷醣菜單

Total 一日總醣分攝取量 60g/人

既然三餐少了飯、麵包與麵類，那就多吃一些菜吧。單人份套餐（飯、主菜、湯、配菜）扣除飯量，一餐約攝取醣20g。若想在短時間內展現瘦身成果，一天三餐的總醣分攝取目標就訂在60g吧。

不吃飯

無壓瘦！

少醣菜單

Total 一日總醣分攝取量 110g/人

這個方式很適合中午經常外食的人使用。靠外食進行減醣瘦身的門檻其實有點高，而且還會形成一股壓力。既然如此，不如轉個念，中午維持吃飯的節奏，一天吃一小碗飯（約120g，含醣量44.1g），一天的總醣分攝取約為110g。

不吃飯

白飯1碗
約120g，含醣量44.1g

不吃飯

配合自己的生活方式與身體狀況，挑選菜單，訂下目標吧。
不過，最主要的是要記住米飯的含醣量。與其吃的時候在意份量，不如讓身體自然地記住減醣的感覺。

慢慢瘦！
減醣菜單

Total
一日總醣分攝取量 **150g/人**

這個方式適合愛吃飯，而且「無飯不歡」的人。每餐吃的飯以半碗至三分之二碗為準。一天醣類的攝取目標就訂在150g吧。即使飯本來就吃很多的人，利用這個方式也能明顯展現成果。讓身體慢慢習慣這種瘦身方式也不錯。

改吃糙米飯或五穀米飯，效果更好！

也可以試著選擇糙米飯或五穀米飯。糙米裡內含豐富的膳食纖維，可以減緩醣類吸收的速度，預防血糖值急速上升，而維生素與礦物質等營養成分含量還比白米飯多。

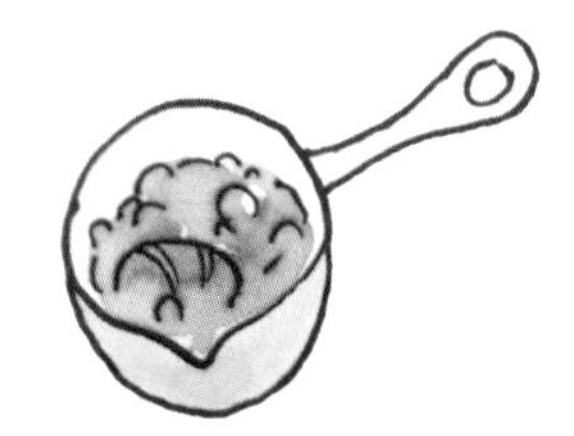

日本便利商店最受歡迎的減醣配菜

沙拉雞肉片

切片後搭配葉菜類就是一道美味可口的沙拉。

材料（適量）

去皮雞胸肉　2片
鹽　1小匙
胡椒　1/4小匙
乾燥香草（迷迭香、百里香、鼠尾草）1/2小匙
檸檬汁　1大匙
月桂葉　1片

作法

1. 雞肉較厚部分橫切成片，再將整塊肉片對切。

2. 在**1**撒上鹽與胡椒後充分揉和，加入乾燥香草與檸檬汁略為搓揉後，加入月桂葉並放入耐熱保鮮袋中，一邊壓押出袋中的空氣一邊封口，最後放入冰箱一晚。

3. 起鍋煮開水，將冷藏保存一晚的**2**整袋放入鍋中燙煮，煮至沸騰後熄火，蓋上鍋蓋續悶，待冷卻後再從鍋中取出即可。

冷藏保存	1/2片含醣量	熱量
4~5 天	0.3 g	136 kcal

Point

密封烹調可讓肉片更鮮嫩多汁

雞胸肉放入耐熱保鮮袋，連同袋子置於熱水裡，利用熱水的餘溫把肉悶熟，就能做出鮮嫩多汁、不乾不柴的肉片了。

道地泰國菜好吃又有飽足感

泰式涼拌蒟蒻絲

冷藏保存	1/4份含醣量	熱量
4~5 天	1.4 g	47 kcal

Point

蒟蒻絲與冬粉的含醣量差很多！

100g的蒟蒻絲含醣量有0.1g，而多數人認為熱量不高的冬粉其實100g就有18.6g的含醣量，若忽略這一點，可是會誤入瘦身陷阱中，不妨多利用蒟蒻絲來當作冬粉的替代品。

將冬粉改成蒟蒻絲，泡多久都不會爛，美味依舊。

材料（適量）

蒟蒻絲　300g
去殼蝦肉　100g
豆芽菜　1袋
小黃瓜　1條
香菜　30g

A

魚露　2大匙
沙拉油　2小匙
蒜泥　1/2小匙
萊姆汁　1大匙（1/2顆份）
切段的紅辣椒　1小撮
胡椒　少許

作法

1.蒟蒻絲洗淨後切小段，用熱水汆燙2分鐘後撈起瀝乾。

2.蝦肉去除泥腸，用熱水汆燙2分鐘後撈起切成1cm小丁。

3.豆芽菜去除鬚根，用熱水汆燙1分鐘後撈起冷卻後，再稍微擰乾水分。

4.小黃瓜切細絲，加入1/2小匙的鹽（份量外）略為揉搓，待水分釋出後擰乾。

5.取一保存容器，將**1**、**2**、**3**、**4**與切成1cm長的香菜充分混和後，加入**A**拌勻即可。

不含人工添加物，滋味更勝市售罐頭

油漬鮪魚

冷藏保存	1/2分含醣量	熱量
4~5天	0.5g	248kcal

材料（適量）

生鮪魚　2塊（300g）
大蒜　1瓣（切半）
鹽　1小匙
月桂葉　2片
橄欖油　適量

作法

1. 鮪魚塊充分沾裹鹽後，放上月桂葉，用保鮮膜包起，置於保存容器中，放入冰箱冷藏保存一晚。
2. 將去除月桂葉的1放入平底鍋中，加入大蒜，並倒入橄欖油，直至蓋過材料為止。
3. 開小火熬煮，待油溫熱後以小火續煮15分鐘，熄火後直接靜置冷卻即可。

享用時先把肉搗碎，吃起來會更順口。醃過魚肉的油只要撒上鹽與胡椒調味，就是可口的沙拉淋醬。

Point

鮪魚是瘦身減重的好夥伴！

鮪魚是種每100g才含有0.1g醣類的超低醣食材。此外，還富含優質的胺基酸、鐵、維生素B_6與B_{12}等預防貧血不可或缺的營養成分。

少醣蔬菜搭配萬用拌醬，怎麼吃都好吃

韓式涼拌菜

分別盛盤或三種湊成一道拼盤都不錯。

冷藏保存	1/4份含醣量	熱量
4~5 天	0.3 g	33 kcal

冷藏保存	1/4份含醣量	熱量
4~5 天	0.1 g	31 kcal

冷藏保存	1/4份含醣量	熱量
4~5 天	0.8 g	30 kcal

材料（適量）

豆芽菜　1 袋

菠菜　200g

青江菜　200g

A

胡麻油　2 大匙

蒜泥　1 小匙

鹽　1/2 小匙

胡椒　少許

醬油　1/2 大匙

炒過的白芝麻　1 大匙

作法

1. 豆芽菜洗淨後去除鬚根，熱水汆燙1分鐘後撈起冷卻，稍微擰乾水分。

2. 菠菜洗淨後整株放入加了少許鹽（份量外）的熱水，汆燙1分鐘、撈起泡冷水。接著擰乾水分後切除根部，再切成3㎝長小段。

3. 青江菜洗淨後縱切成八等分，放入加了少許鹽（份量外）的熱水，汆燙1分鐘後撈起冷卻並擰乾水分，再切成3㎝長小段。

4. 將**1**、**2**、**3**分別與**A**（各1/3份）拌勻即可。

醃過醬料後，肉質更柔嫩、多汁

印度風棒棒腿

冷藏保存	3支含醣量	熱量
4~5 天	2.1 g	255 kcal

可配上水芹、萊姆或檸檬一起吃。

材料（適量）

小雞腿　12支（800g）
鹽　1小匙
胡椒　少許

A

無糖原味優格　5大匙
洋蔥泥　1大匙
蒜泥、薑泥　各1/2小匙
咖哩粉、番茄糊　各1大匙

作法

1.棒棒腿洗淨後撒上鹽與胡椒。

2.將**A**的坦都里醬倒入**1**，充分揉和後，靜置醃漬30分鐘。

3.烤箱預熱至180℃，烤盤舖上一層烘焙紙，擺上**2**後放入烤箱烘烤15分鐘即可。

Point

可直接醃漬在坦都里醬裡冷藏保存

雞肉在烘烤前可冷藏保存保存1-2天。優格裡的乳酸菌能讓肉質更柔嫩，而咖哩的芳香還能去除肉的腥味。

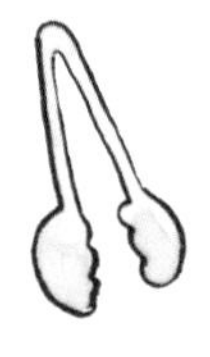

鯷魚與酸豆讓滋味更加有層次

義式溫野菜

冷藏保存	1/4份含醣量	熱量
4~5 天	3.1 g	169 kcal

可以把章魚換成蝦仁或魷魚，同樣美味無比。

材料（適量）

水煮章魚　100g
高麗菜　300g
芹菜　1根
鯷魚片　4片

A

酸豆　2大匙
帕爾馬乾酪　1大匙
橄欖油　2大匙
蒜泥　1/2小匙
鹽　1/4小匙
胡椒　少許

作法

1.高麗菜與芹菜分別洗淨後切絲；芹菜葉切1㎝寬；章魚洗淨後斜切成薄片；鯷魚切成碎末。

2.將**A**與**1**充分拌勻（可放入保鮮袋中輕輕揉搓，更易混和均勻）。

利用豆渣與蔬菜來補充膳食纖維

北非風豆渣沙拉

冷藏保存	1/4份含醣量	熱量
3~4 天	1.3 g	234 kcal

把豆渣當成北非小米（COUSCOUS、古斯米、蒸粗麥粉）！相同的口感讓人大吃一驚！

材料（適量）

豆渣　200g
生火腿　40g
芝麻菜　30g
芹菜　1根
小黃瓜　1條
核桃　40g

A

橄欖油　3大匙
檸檬汁　1又1/2大匙
魚露　1大匙
鹽　1/4小匙
胡椒　少許

作法

1.豆渣均勻舖在耐熱盤中，微波加熱3分鐘蒸發多餘水分，取出靜置冷卻。

2.芝麻菜洗淨後切成2cm長。芹菜與小黃瓜洗淨後切成1cm丁狀。生火腿撕成適口大小。核桃搗成粗末，放入平底鍋中乾炒。

3.將 **1**、**2**與**A**拌勻即可。

Point

不但物盡其用，也很有健康概念！

豆渣是大豆磨成豆漿後，過濾擰乾剩下的殘渣，含豐富植物性蛋白質與膳食纖維。沒想到自古以來深受人們喜愛的豆渣含醣量竟然是零。

瘦身也能享受香濃鮮奶油與起司

法式蛋皮鹹派

吃的時候再熱一次，口感會更柔嫩美味。

冷藏保存 3~4 天

1小塊份量 1.3 g

熱量 178 kcal

材料（適量）

杏鮑菇　1條

蘆筍　3根

培根　2片

A

蛋　4個

鮮奶油　1/4杯

帕爾馬乾酪　1大匙

鹽　1/4小匙

胡椒　少許

作法

1. 杏鮑菇洗淨後橫向切半，再分別縱向對切成薄片。蘆筍洗淨後用削皮器薄薄地削去一層皮，並斜切成段。培根切1㎝寬備用。
2. 將1依序平鋪在耐熱容器中。接著將A充分拌勻後倒入。
3. 烤箱預熱至220℃，將3放入烤箱中烘烤20分鐘，取出稍微冷卻後即可切成四等分即可。

Point

無負擔&零醣類的鹹派

製作法式鹹派的時候少了派皮，就可以達到零醣類的目標，吃起來當然沒有負擔。帕爾馬乾酪一大匙（6g）的醣類只有0.1g，而且還有含量豐富、優質胺基酸、鈣與維他命A呢。

加了豐盛蔬果的油漬菜

油漬蒜味蝦仁

冷藏保存	1/4份含醣量	熱量
4~5 天	1.2 g	257 kcal

可以當作下酒菜，再配上無醣酒剛剛好！

材料（適量）

鮮蝦　260g
櫛瓜　1條
杏鮑菇　1包
大蒜　1瓣（切半）
去籽紅辣椒　1根
黑橄欖　8粒
鹽　1小匙
胡椒　少許
橄欖油　約2杯

作法

1. 鮮蝦洗淨後去頭、殼留尾，背部剖開，剔除泥腸。

2. 櫛瓜洗淨後切成1㎝厚的圓片，杏鮑菇洗淨後切適口大小。

3. 將**1**、**2**、大蒜、紅辣椒與橄欖倒入鍋中，橄欖油倒至八分滿後，再撒上鹽與胡椒。

4. 將**3**加熱5分鐘，待食材煮熟後熄火，直接靜置冷卻即可。

Point

妥善挑選橄欖油，有助於減醣生活

油的含醣量為零，吃的時候不需要太在意熱量。用來加熱的油建議使用n-9系列＊，脂肪酸含量豐富的橄欖油。

＊人體內的不飽和脂肪酸分為n-7、n-9、n-3和n-6型四種。n-7和n-9屬於單元不飽和脂肪酸（Mono-Unsatarated Fatty Acid；MUFA），可由人體自行從飲食中的飽和脂肪酸(Satarated Fatty Acid；SFA)中合成，n-6和n-3型的不飽和脂肪酸是人類無法自行合成的，所以一定要從飲食獲得。

混和各種絞肉，做出最佳口味

味噌炒絞肉

在減醣的日子裡，可以善用萵苣葉包起來吃，或是淋在蔬菜、豆腐上也不錯。

冷藏保存
4~5
天

1/4份含醣量
2.1
g

熱量
174
kcal

材料（適量）

雞絞肉　300g
香菇　100g
青蔥　1/2 根
薑　1片
胡麻油　1 大匙

A
味噌　1 大匙
醬油　2 小匙
鹽　1小撮

作法

1.香菇、青蔥與薑洗淨後切碎末。

2.起鍋倒入胡麻油，爆香薑末後依序加入絞肉、蔥末與香菇，續炒。

3.在**2**中加入**A**，略為拌炒即可。

營養師的叮嚀
COLUMN 1

怎樣才算是「大量攝取肉、魚與蔬菜」？

肉、魚、蛋（蛋白質）

例如，是體重50kg的人，

一天的攝取標準量，
至少要300g。

瘦身時一定要攝取足夠的蛋白質，才能維持肌肉狀態，這一點非常重要。減醣的飲食生活中，每1kg的體重一天必須攝取1.2-1.6g的蛋白質，以體重50kg的人來計算，每天要攝取60-80g的蛋白質，換算成肉或魚的重量，大約是300-400g。

關於蛋白質的基本算法，肉與魚每100g約20g、一顆蛋約6g、一塊豆腐（300g）約20g、大豆100g約10g、納豆一盒（40g）約6.6g。只要搭配得宜，飯吃起來會更加輕鬆愉快。

值得注意的是，攝取過多肉類會導致腸胃消化不良、胃酸分泌過多的人，有可能是因為蛋白質攝取的量不夠，導致體內消化酵素不足。這時候建議根據自己的身體狀況來調整，初期不需要勉強，酌量食用即可。

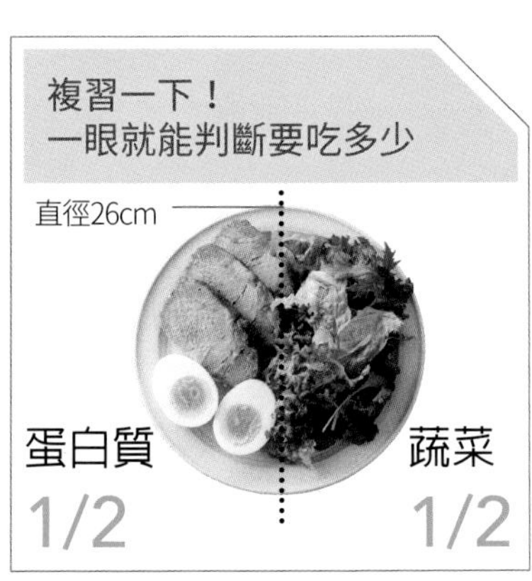

於P.12詳細解說

減醣生活最重要的就是要大量攝取蛋白質與蔬菜。
但是，到底要吃多少才算「足夠」呢？
就讓日本營養師來告訴你吧。

盤菜記量法，一餐要吃多少一目瞭然！

每餐要精打細算吃多少肉或蔬菜其實是一件非常惱人的事，這時候不妨利用P.12介紹的「盤菜記量法」，就能夠輕鬆大致算出食用份量，而且還能夠長久持續下去呢！

蔬菜

膳食纖維以一天攝取20g為目標，

只要記住蔬菜一天，
至少要400g即可。

膳食纖維對於預防便祕能夠發揮極佳的效果，同時還能夠整頓腸道環境。雖說目標是一天攝取20g，不過，這也是許多人缺乏的營養素之一，尤其是20-30歲這個年齡層，平均一天只攝取到12-13g。想攝取膳食纖維，最重要的是要多吃蔬菜。

吃蔬菜不僅可以攝取維生素C與β-胡蘿蔔素等維生素，還能夠吸收到包含在蔬菜色素、苦味與香氣中的植物生化素（Phytochemical，植物的功能性成分），有效幫助瘦身與抗老化。

每種蔬菜的膳食纖維含量雖然不同，但整體來說，一天只要吃超過400g的蔬菜，應該就能夠攝取到基本量。實際換算成蔬菜，綠花椰菜1/4顆（約3g）、酪梨1顆（約10g）、小番茄1顆（約1.5g）、高麗菜約1/4顆（約3g）、秋葵5根（2.5g），加總後就是一天要攝取的蔬菜量。記住，每天一定要多吃蔬菜喔！

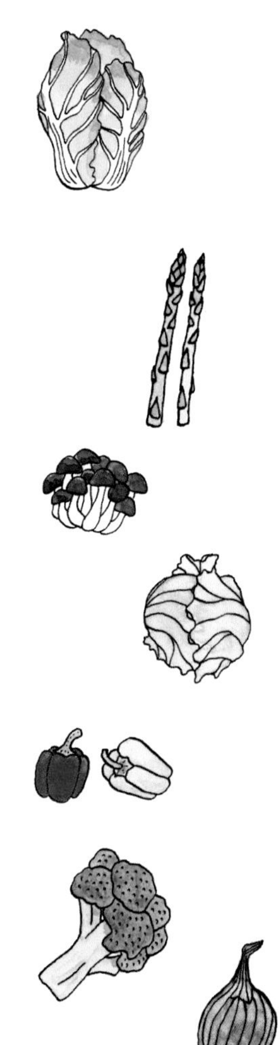

Part.1

蔬菜

不管有多忙都能
攝取大量纖維質和維生素。

可以是配菜，又能帶便當，

隨時能上桌又方便的蔬菜常備菜

除了現做現吃外，放得越久越入味，吃起來越可口，

不管有多忙，只要多做一些放著備用，做菜時更輕鬆，

而且還能夠攝取到大量膳食纖維及營養成分。

家中冰箱只要準備幾種，

稍微組合一下就能成為一道美味料理，實在是太棒了！

釋放出青蔬的清甜滋味

普羅旺斯燜菜

冷藏保存	1/4份含醣量	熱量
4 天	4.6 g	60 kcal

材料（適量）

洋蔥　1/4 顆
西洋芹　1/4 根
紅甜椒　1/2 個
茄子　2 條
櫛瓜　1 小條
蒜末　1/2 瓣份
罐頭番茄（切塊）　150g
鹽　1/3 小匙
胡椒　少許
月桂葉　1 片
羅勒葉　1 片（沒有也無妨）
橄欖油　1 大匙

作法

1.洗淨後的洋蔥與去筋的西洋芹切成2cm寬塊狀；紅甜椒與茄子洗淨後去籽與蒂頭，滾刀塊；櫛瓜洗淨後切成2㎝厚圓片後再對切成半。

2.起鍋倒入橄欖油，待油熱後爆香蒜末，並倒入洋蔥與芹菜炒軟，接著放入茄子一同翻炒。

3.待所有材料都沾上油後，依序加入櫛瓜與紅甜椒拌炒，最後放入番茄、鹽與胡椒續炒。

4.放入月桂葉與撕碎的羅勒葉，蓋上鍋蓋燜煮，煮沸後轉小火續燜15分鐘，最後再依喜好再撒上少許鹽與胡椒（份量外）調味即可。（岩崎）

大塊蔬菜使口感更加豐富多變

醋漬烤蔬菜

冷藏保存	1/4份含醣量	熱量
1 週	3.5 g	145 kcal

材料（適量）

茄子　2 條（200g）
紅甜椒　1 個
蘆筍　1 把（100g）
橄欖油　1/2 杯

A
醋　2 大匙
鹽　1 小匙
胡椒　少許
蒜碎　1/2 瓣份
月桂葉　1 片
去籽紅辣椒　1 根
橄欖油　適量

作法

1.蔬菜洗淨後，茄子去除蒂頭並斜切成1㎝厚片狀。紅甜椒去除蒂頭與籽後縱切成2㎝寬片狀。蘆筍切下較硬的部分，根部去除3㎝長不用，再對切成一半。

2.烤盤（也可用烤魚器或平底鍋替代）塗上橄欖油，加熱後將**1**平鋪其上，兩面均勻烤熟。

3.將**A**倒入密封容器中混和後，將**2**的蔬菜均勻沾上即可。（小林）

善用豆類中含醣量較少的豆仁

莎莎醬拌豆仁

冷藏保存	1/4份含醣量	熱量
4~5 天	8.3 g	186 kcal

材料（適量）

水煮鷹嘴豆　100g
水煮紅菜豆　100g
毛豆（連豆莢）　200g
芹菜　1根
小黃瓜　1條
櫻桃蘿蔔　5顆

A
番茄糊　4大匙
蒜泥　1/2小匙
檸檬汁、橄欖油　各2大匙
塔巴斯哥辣醬　倒5次
鹽　1/2小匙
胡椒　少許

作法

1.鷹嘴豆與紅菜豆洗淨後瀝乾水分，毛豆煮熟後從豆莢中取出豆仁。

2.所有蔬菜全洗淨。芹菜與小黃瓜切成1㎝丁狀；櫻桃蘿蔔去除葉片，切成八等分。

3.將**1**、**2**加入**A**後拌勻即可。（牛尾）

白酒醋與水各半是口味關鍵

西式綜合泡菜

冷藏保存	1/4份含醣量	熱量
1 週	3.4 g	20 kcal

材料（適量）

小黃瓜　1條
芹菜　1/2根
胡蘿蔔　1/2條

A

白酒醋、水　各1/2杯
砂糖　1大匙
鹽、黑胡椒粗粒　各1/2小匙
大蒜薄片　1瓣份
月桂葉　1片
紅辣椒　1根

作法

1. 將**A**倒入鍋中小火煮沸後熄火，靜置冷卻再倒入保存容器中。

2. 所有蔬菜洗淨。小黃瓜切成3cm長後再縱切成半；芹菜滾刀切塊；胡蘿蔔切成厚1cm的半圓形。分別將這些蔬菜淋過熱水後再瀝乾水分。

3. 將**2**倒入**1**中，醃漬一晚即可食用。（牛尾）

香辣花椒配上風味濃郁胡麻油

中式泡菜

冷藏保存	1/4份含醣量	熱量
4~5 週	4.9 g	36 kcal

材料（適量）

高麗菜葉　2片（160g）
小黃瓜　1條
胡蘿蔔　40g
鹽　1/6小匙
薄薑片　2片

A

切段的去籽紅辣椒　1根份
花椒　1/2小匙
醋　2大匙
砂糖　1大匙
醬油、胡麻油　各1小匙

作法

1. 蔬菜洗淨。高麗菜切塊；小黃瓜縱向十字剖再切4cm長；胡蘿蔔切4cm長條。

2. 將**1**放入盆缽中，撒鹽拌勻並靜置一段時間。待水分釋出後倒去水分並稍微擰乾，另放入保存容器中，再撒上切成細絲的薑。

3. 製作醃漬液。將**A**倒入小鍋中，小火煮沸後倒入**2**，輕輕拌勻，放至冷卻即可。（岩崎）

番茄汆燙後更容易醃漬入味

檸香橄欖番茄

冷藏保存	1/4份含醣量	熱量
4~5 週	6.1 g	186 kcal

材料（適量）

迷你番茄（紅、黃） 各20顆
黑橄欖（去籽） 20顆
生火腿 8片

A
橄欖油 2大匙
檸檬汁 2小匙
鹽 1/2小匙
胡椒 少許
義大利荷蘭芹末 4小匙

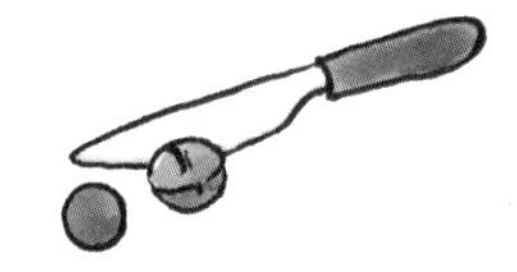

作法

1. 起鍋煮沸水後，放入洗淨、去除蒂頭的迷你番茄，過熱水6秒（果皮稍微掀起）立刻撈起，放入冷水裡，剝除薄皮。

2. 生火腿撕成適口大小。

3. 另取容器，將**1**、**2**、黑橄欖與**A**置入並拌勻，放入冰箱冷卻保存即可。（牛尾）

Point
健康養顏的紅、橘、紫色蔬菜

番茄的紅是茄紅素，胡蘿蔔的橘是β-胡蘿蔔，茄子的紫是花青素。蔬菜的每一種色素都擁有強大的抗老化力量，堪稱美膚的好夥伴。

口感清脆，越嚼越上癮

法式涼拌胡蘿蔔絲

冷藏保存	1/4份含醣量	熱量
1 週	3.4 g	51 kcal

材料（適量）

胡蘿蔔　1條
鹽　1/3小匙
胡椒　少許

A
檸檬汁、橄欖油、酸豆　各1大匙
顆粒芥末醬　1小匙

作法

1.胡蘿蔔洗淨後用刨絲器刨成極細的菜絲，撒上鹽與胡椒。

2.將**1**與**A**倒入圓缽中拌勻即可。（牛尾）

無須炒太熟，保留清脆嚼勁

沖繩風炒胡蘿蔔

冷藏保存	1/4份含醣量	熱量
5 天	4.8 g	62 kcal

材料（適量）

胡蘿蔔　2條（約300g）
柴魚片　5g
沙拉油　1大匙

A
鹽　1/3小匙
胡椒　少許

作法

1.胡蘿蔔洗淨後用削皮器削成長度適中的細絲。

2.平底鍋熱好沙拉油後倒入**1**翻炒，撒上**A**調味。炒軟後熄火，最後再撒上柴魚片拌勻即可。（夏梅）

咖哩可有效排除體內毒素

咖哩醃甜椒

冷藏保存	1/4份含醣量	熱量
1 週	2.2 g	51 kcal

材料（適量）

紅甜椒　2個

A

橄欖油　2大匙

檸檬汁　1大匙

咖哩粉、鹽　各1/2小匙

胡椒　少許

作法

1. 甜椒洗淨後縱切成四等分，去除蒂頭與籽。放在烤魚架上烤成金黃色，並剝除烤焦的薄皮，一一切成1cm寬塊狀。
2. 將**1**與**A**倒入圓缽，均勻拌勻。（牛尾）

海苔增加膳食纖維與礦物質含量

海苔拌紅椒

冷藏保存	1/6份含醣量	熱量
3 天	2.1 g	40 kcal

材料（適量）

紅甜椒　2個

烤海苔（全形）　1/4片

A

胡麻油　2小匙

磨碎的芝麻、醬油　各1小匙

鹽　少許

蒜泥　1/3小匙

作法

1. 甜椒洗淨後縱切成四等分，去除蒂頭與籽。橫切成細條，用熱水略微汆燙後撈起，瀝乾水分。
2. 海苔用手揉碎後放入圓缽中，倒入**1**，最後再加入**A**拌勻即可。（牛尾）

把減醣奶油起司當作沙拉淋醬

胡蘿蔔沙拉

冷藏保存	1/4份含醣量	熱量
3 天	6.7 g	80 kcal

材料（適量）

胡蘿蔔　2 條
奶油起司　50g
檸檬汁　2 小匙
鹽、黑胡椒粗粒　各少許

作法

1. 胡蘿蔔洗淨後用削皮器削成細長條狀。奶油起司切薄片。
2. 依序將胡蘿蔔與奶油起司放入耐熱盆中，蓋上保鮮膜，微波加熱2分鐘。取出攪拌後再加熱1分鐘。
3. 拆下保鮮膜，撒上檸檬汁、鹽與胡椒即可。（井澤）

直接吃或搭配肉、魚吃都很適合

韓式涼拌番茄

冷藏保存	1/4份含醣量	熱量
2~3 天	4.4 g	40 kcal

材料（適量）

迷你番茄　2 盒
粗紅辣椒粉　少許

A

胡麻油　2 小匙
蒜泥　少許
鹽　2/5 小匙

作法

1. 迷你番茄洗淨後去蒂頭，對切放入圓缽中。
2. 在**1**中加入**A**拌勻，上桌時再撒上紅辣椒粗粉即可。（藤井）

油豆皮烤香後配上番茄意外合拍

涼拌番茄豆皮

冷藏保存	1/4份含醣量	熱量
2 天	3.1 g	103 kcal

材料（適量）

番茄　2 顆
油豆皮　1 片

A
磨碎的白芝麻　2 大匙
蒜泥　1/3 小匙
胡麻油　1 大匙
鹽　2/3 小匙

作法

1.番茄洗淨後滾刀切成塊。

2.油豆皮放在烤架上，兩面烤成金黃色，略為冷卻後撕塊備用。

3.將**A**倒入圓缽中調勻，加入**1**、**2**拌勻即可。（重信）

同時擁有肉與蔬菜的美味滿足感

肉香拌紫茄

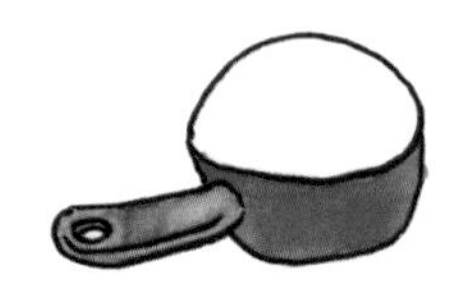

冷藏保存	1/6份含醣量	熱量
3 天	7.5 g	129 kcal

材料（適量）

茄子　10 條（900g）
豬絞肉　200g
紫洋蔥（或洋蔥）　1/2 顆
香菜　2-4 株
鹽、胡椒　各少許
沙拉油　2 小匙

A

魚露、檸檬汁、砂糖　各 3 大匙
蒜泥　1/2 小匙
紅辣椒末　2/3 根份
水　1 大匙

作法

1.蔬菜洗淨。茄子切除蒂頭，用削皮器略為削去外皮後泡水去除澀味；洋蔥切薄片；香菜切2㎝長。

2.茄子瀝乾水分後排放在耐熱盤中，輕輕蓋上一層保鮮膜，微波加熱5分30秒，果肉變軟後取下保鮮膜，略為冷卻備用。

3.起油鍋，倒入絞肉炒散、炒熱後撒上鹽與胡椒即可起鍋。

4.茄子撕成適口大小，放上洋蔥、**3**與香菜，再淋上調好的**A**即可。（小林）

茄紅素搭配油攝取可提升吸收率

中式涼拌番茄

冷藏保存	1/4份含醣量	熱量
2 天	3.4 g	112 kcal

材料（適量）

番茄　2顆

酪梨　1顆

A

醬油、胡麻油　各1大匙

作法

1. 番茄洗淨後過熱水，去果皮剔除籽後切成1cm的果丁；酪梨洗淨後去籽，削皮切成1cm的果丁。
2. 將1倒入圓缽，加入A拌勻即可。（吳）

充分入味後滋味會更銷魂

紫茄滷蘘荷

冷藏保存	1/4份含醣量	熱量
5 天	6.6 g	185 kcal

材料（適量）

茄子　8條

蘘荷　2個

*麵露（3倍濃縮）1/2杯

*麵露是日本沾麵用的醬油，主要拿來沾日式涼麵，味道較為甘甜。

作法

1. 蔬菜洗淨。茄子切除蒂頭後縱切一半，長度也切半；蘘荷縱切成四等分。
2. 將1、麵露與3杯水倒入鍋中，中火煮沸後撈除浮末。轉略小的中火，蓋上內蓋，續煮10分鐘後熄火，直接靜置冷卻，待其入味即可。（瀨尾）

香鹹鹽昆布搭配甘醇豆腐

芝麻豆腐拌四季豆

冷藏保存	1/4份含醣量	熱量
3天	2.7g	79kcal

材料（適量）

四季豆　150g
木棉豆腐（板豆腐）　150g

A

鹽昆布　15g
磨碎的白芝麻　2大匙
薄鹽醬油　1小匙

作法

1. 四季豆洗淨後去除蒂頭，切成三等分後，放入加了少許鹽（份量外）的熱水裡汆燙1分鐘，撈起冷卻備用。

2. 豆腐上壓放重物15分鐘，將水分完全瀝乾後倒入圓缽中。

3. 將**2**用叉子搗碎，加入**A**攪拌，最後再與**1**拌勻即可。（牛尾）

也可盛入小碟子裡當作配菜。

品嘗小黃瓜的清脆口感

櫻花蝦炒小黃瓜

冷藏保存	1/4份含醣量	熱量
2 天	3.0 g	221 kcal

材料（適量）

小黃瓜　6 條
豬肉片　200g
櫻花蝦、蔥花　各 6 大匙
鹽　2/3 小匙
胡椒　少許
胡麻油　2 大匙

作法

1. 小黃瓜洗淨後縱切一半，用湯匙將籽刮除，再將長度切成四等分。豬肉片切成適口大小。
2. 起鍋熱好胡麻油，倒入豬肉，表面變色後加入小黃瓜同炒，快炒2-3分鐘。
3. 倒入櫻花蝦與蔥花，拌炒後再撒上鹽與胡椒即可起鍋。（小林）

含醣量少，吃多少都不用擔心

涼拌高麗菜

冷藏保存	1/4份含醣量	熱量
1 週	3.0 g	49 kcal

材料（適量）

高麗菜　200g
小黃瓜　1/2 條
胡蘿蔔、洋蔥　各 20g
鹽　1/2 小匙

A
醋、沙拉油　各 1 大匙
砂糖　1/2 小匙
胡椒　少許

作法

1. 蔬菜全都洗淨。高麗菜切細絲，小黃瓜與胡蘿蔔切成3㎝長的菜絲，洋蔥切薄片。
2. 洋蔥與鹽倒入圓缽，用手搓揉至變軟為止。一邊依序加入胡蘿蔔、小黃瓜與高麗菜，一邊揉拌，最後再倒入**A**混和即可。（岩崎）

Point

營養素豐富的綠色蔬菜

綠色蔬菜含有維生素C與β-胡蘿蔔素等豐富營養素。其中尤以葉菜類醣類較少，徬徨在減醣生活中，束手無策時，吃綠色的葉菜類就對了！

利用麵露引出蘆筍的清香

醃烤蘆筍

冷藏保存	1/4份含醣量	熱量
1 週	1.7 g	12 kcal

材料（適量）

蘆筍　8 根
麵露（原味）　1/2 杯
紅辣椒　1 根

作法

1.蘆筍洗淨後去筋與葉鞘，放入烤網或烤箱裡烤上色。

2.趁熱將**1**放入保存容器中，注入麵露，加上紅辣椒即可。（牛尾）

蔬菜維生素和豆皮植物性蛋白質營養滿點

日式涼拌小松菜

冷藏保存	1/4份含醣量	熱量
1 週	2.1 g	36 kcal

材料（適量）

小松菜　1 把（約 200g）
豆皮　1/2 片

A

高湯　3/4 杯
薄鹽醬油　1 又 1/2 大匙
味醂　1 又 1/2 大匙
酒　1 大匙

作法

1.小松菜切成3㎝長，莖與葉片分開。豆皮縱向對切後再細切成1㎝寬。

2.將**A**倒入鍋，煮沸後放入小松菜莖與豆皮，略煮後再放入小松菜葉，煮滾即可熄火起鍋。（牛尾）

豌豆莢炒魩仔魚乾

冷藏保存	1/6分含醣量	熱量
1~2 週	2.5 g	31 kcal

材料（適量）

豌豆莢　200g
魩仔魚乾　2大匙
醬油　2小匙
胡麻油　1小匙

作法

1. 豌豆莢洗淨後去除蒂頭與筋，斜切成半。

2. 起油鍋熱好胡麻油，倒入魩仔魚乾與**1**，略為翻炒，再加入醬油略微拌炒即可起鍋。（牛尾）

小松菜內含豐富β-胡蘿蔔素

小松菜橘醋沙拉

冷藏保存	1/4份含醣量	熱量
3 天	0.6 g	25 kcal

材料（適量）

小松菜　1把（320g）
烤海苔（整片）　1片

A

橘醋醬油　2小匙
胡麻油　2小匙
炒過的白芝麻　少許

作法

1. 小松菜洗淨後放入加了少許鹽（份量外）的大量熱水裡略微汆燙。泡水冷卻後瀝乾水分，切成5cm長。
2. 將**1**倒入圓缽，與**A**攪拌，並加入撕成小片的海苔拌勻，最後再撒上芝麻即可。（市瀨）

當點心或下酒菜都適宜

醃黃瓜條

冷藏保存	1條含醣量	熱量
4 天	1.3 g	62.5 kcal

材料（適量）

小黃瓜　4條
鹽　適量
昆布茶　1大匙

作法

1. 小黃瓜洗淨後，果皮用削皮器削成條紋相間的圖案，長度切半。輕撒上鹽，串入免洗筷。
2. 將**1**放入保鮮袋，撒上昆布茶後再放入保存容器中，靜置於冰箱冷藏保存至少1小時即可食用。口感與滋味會隨著時間變化。（堀江）

蘆筍的胺基酸與
蘆筍酸能夠消除疲勞

醋漬烤蘆筍

冷藏保存	1/4份含醣量	熱量
3 天	5.5 g	216 kcal

材料（適量）

蘆筍　2把（10根）

A

橄欖油　180ml

醋　多於2大匙

蜂蜜　2大匙

顆粒芥末醬　4小匙

鹽　1又1/3小匙

胡椒　少許

作法

1. 蘆筍洗淨後切除根部較硬部分，排放在預熱好的烤架上，以大火烘烤。一邊不時翻面，一邊烘烤4分鐘，直到蘆筍整根烤上色為止。
2. 將**A**倒入圓缽，調勻後趁**1**還沒冷卻，淋上去，使其入味即可。（小林）

富含β-胡蘿蔔素、維生素C與鐵

奶油蒸菠菜

冷藏保存	1/4份含醣量	熱量
2~3 週	0.3 g	173 kcal

材料（適量）

菠菜　2把
培根　4條
奶油　40g
鹽　適量
黑胡椒粗粒　適量

作法

1. 菠菜洗淨後去除根部，切5㎝長。培根切3㎝寬。
2. 菠菜倒入平底鍋，撒上培根，奶油撕小塊放入其中。蓋上鍋蓋，開小火蒸煮5分鐘。
3. 菠菜蒸軟後，撒上鹽與胡椒即可。（高）

青椒是維生素 C 的寶庫

青椒牛肉雪花煮

材料（適量）

青椒　8個
碎牛肉片　200g
蘿蔔泥　300g

A

高湯　2杯
醬油　2大匙
味醂　2大匙

作法

1. 青椒洗淨後，用竹籤隨處刺洞。
2. 將**A**倒入鍋，以大火煮沸後一一放入牛肉。再次煮滾後撈除浮末，並加入**1**。轉中火，蓋上內蓋。期間不時翻攪，燉煮20分鐘。
3. 青椒煮軟後，撒上蘿蔔泥，續煮1-2分鐘即可。（檢見崎）

冷藏保存	1/4份含醣量	熱量
3天	6.6g	164kcal

芹菜配上鮪魚的綿密好滋味

芹菜鮪魚拌奶油起司

冷藏保存	1/4份含醣量	熱量
3~4 天	1.8 g	229 kcal

材料（適量）

芹菜　2根
鹽　1/2小匙
罐頭鮪魚（水煮）　70g
奶油起司　100g
鹽、胡椒　各少許
甜椒粉　適量

作法

1. 芹菜洗淨後莖切薄片，菜葉切段，撒鹽輕揉，並將釋出的水分擰乾。
2. 將1與搗碎的鮪魚及退冰的奶油起司混和攪拌後，撒上鹽與胡椒調味。盛入容器，依喜好撒上甜椒粉。（牛尾）

裝入小碟子就是和洋都適用的美味小菜。

Point

白色蔬菜是植物生化素的寶庫

洋蔥與青蔥的香氣具有清血的功能，白蘿蔔的辛辣具有強大的抗氧化作用。除外還能夠預防手腳冰冷、締造美麗肌膚呢。

豆芽菜的含醣量低，膳食纖維更豐富

韓式豆芽拌青蔥

冷藏保存	1/4份含醣量	熱量
3 天	2.0 g	63 kcal

材料（適量）

豆芽菜　2袋（400g）
青蔥　2/3把

A

雞湯粉　2/3小匙
鹽　1/2小匙
胡椒　少許
胡麻油　1又1/3大匙

作法

1.豆芽菜洗淨後去除鬚根，放入耐熱容器中，蓋上一層保鮮膜，微波加熱6分鐘後再將容器裡多餘的水分倒掉。

2.青蔥切4㎝長，趁**1**還沒冷卻時加入其中。

3.將**A**調勻後與**2**拌勻。依喜好撒上白芝麻或附上些許豆瓣醬。（瀨尾）

花椰菜是維生素C的寶庫

咖哩醋花椰

冷藏保存	1/4份含醣量	熱量
1 週	3.2 g	30 kcal

材料（適量）

花椰菜　1小顆（果肉300g）
壽司醋（市售）　4大匙
咖哩粉　1大匙

作法

1.花椰菜洗淨後分切成小朵。

2.水2杯、壽司醋與咖哩粉倒入不鏽鋼或琺瑯鍋中，煮沸後加入花椰菜，一邊攪拌一邊煮約1分鐘即可起鍋。（今泉）

蓮藕含豐富維生素 B_{12} 與 B_6

醋拌扇貝蓮藕

冷藏保存	1/4份含醣量	熱量
4 天	7.6 g	92 kcal

材料（適量）

蓮藕　100g
扇貝（生魚片用）　12 顆（300g）
醋　少許
海苔粉　少許

A
砂糖　2 小匙
醋　4 大匙
薄鹽醬油　2 大匙

作法

1.蓮藕洗淨後削皮，切成薄圓片後浸泡在摻了醋的水裡。起鍋燒水，待水主沸後，將瀝乾的蓮藕片放入熱水裡，汆燙1-2分鐘後撈起瀝乾備用。

2.將扇貝的厚度切半，再切成適口大小。

3.取一器皿，放入**1**與**2**並淋上調好的**A**，撒上海苔粉即可。（武藏）

預防癌症的白菜是深受矚目的超級食物

白菜美乃滋沙拉

冷藏保存	1/4份含醣量	熱量
3 天	3.1 g	131 kcal

材料（適量）

白菜　300g

A

美乃滋　4 大匙

醬油　2 小匙

顆粒芥末醬　1 又 1/3 大匙

作法

1.白菜洗淨後橫斜切成1-1.5㎝的條狀，浸泡在冷水裡5-6分鐘，讓口感變得更加清脆，最後撈起瀝乾水分。

2.將**A**倒入略大的圓缽中，調勻後與**1**拌勻即可。（大庭）

充滿胡麻油與黑芝麻的芳香

胡椒拌蕪菁

冷藏保存	1/4份含醣量	熱量
3 天	3.6 g	41 kcal

材料（適量）

蕪菁　小的 8 顆

鹽　2 小匙

A

醋　4 小匙

胡麻油　2 小匙

黑胡椒粗粒、鹽　各少許

作法

1.蕪菁洗淨後切除菜葉，只留下1-2㎝的莖，接著再切成5㎜厚的半圓形片。

2.鹽放入2杯水中調至溶解。將**1**浸泡在鹽水裡，變軟後將水分擰乾。

3.將**A**均勻攪拌後加入**2**拌勻即可。（檢見崎）

豆芽菜充分瀝乾就能多放幾天

美乃滋辣拌豆芽菜

冷藏保存	1/4份含醣量	熱量
3 天	1.0 g	60 kcal

材料（適量）

豆芽菜　1袋

A

美乃滋　2大匙
豆瓣醬　1小匙
鹽　少許

作法

1.豆芽菜洗淨後去除鬚根。

2.將**1**倒入鍋中，注入只有豆芽菜一半高度的水，撒鹽（份量外），蓋上鍋蓋並開大火，略為蒸煮過後撈起瀝乾水分，靜置冷卻備用。

3.將**A**倒入圓缽，調勻後加入**2**拌勻即可。（脇）

蒸過的青蔥滋味會更高雅甘甜

蒜香醃青蔥

冷藏保存	1/4份含醣量	熱量
4 天	5.1 g	147 kcal

材料（適量）

青蔥　4根
大蒜　2瓣
黑胡椒粗粒　少許

A

橄欖油　4大匙
檸檬汁　2大匙
鹽　2/3小匙

作法

1.青蔥洗淨後切4㎝長。大蒜切薄片。

2.將**1**與1/2杯水倒入較厚的鍋子裡，蓋上鍋蓋，蒸煮10分鐘。

3.將**A**倒入圓缽中調勻。**2**趁熱瀝乾水分，再倒入圓缽中，泡漬10分鐘後撒上胡椒即可。（牛尾）

洋蔥獨特的成分能夠清血

醋淋烤洋蔥

冷藏保存	1/4份含醣量	熱量
4 天	6.3 g	150 kcal

材料（適量）

洋蔥　2顆
巴薩米克醋　4小匙
起司粉　4大匙
鹽　1/2小匙
胡椒　少許
橄欖油　3大匙

作法

1.洋蔥洗淨後縱切成半，帶芯續切成四等分的半月形，再用牙籤串起，固定果肉。

2.平底鍋熱好橄欖油，洋蔥切口朝下排放。蓋上鍋蓋，以較弱的中火煎3分鐘，翻面後續煎2-3分鐘並撒上鹽與胡椒即可盛盤。

3.拆下牙籤，淋上巴薩米克醋，撒上起司粉即可。（大庭）

酵素含量豐富的白蘿蔔可以健胃整腸

蘿蔔生火腿沙拉

冷藏保存	1/4份含醣量	熱量
3 天	3.0 g	243 kcal

材料（適量）

白蘿蔔　10-12 ㎝（400g）
生火腿　120g
帕爾馬乾酪（塊）　適量
義大利荷蘭芹　少許
鹽、黑胡椒粗粒　各少許
橄欖油　4 大匙
醋　1 大匙

作法

1.蔬菜全洗淨。白蘿蔔削皮，用削皮器將果肉削成薄薄的圓片；義大利荷蘭芹撕成適口大小，連同白蘿蔔浸泡在冷水裡，待口感變得清脆後，撈起瀝乾水分。

2.火腿切3㎝寬；起司用削皮器削成薄片。

3.白蘿蔔、火腿與起司交互疊放盛盤，擺上義大利荷蘭芹。撒好鹽與胡椒，再依序淋上橄欖油與醋即可。（大庭）

白蘿蔔清脆的關鍵在檸檬風味

檸香蘿蔔絲

冷藏保存	1/4份含醣量	熱量
5 天	1.5 g	10 kcal

材料（適量）

白蘿蔔　200g
檸檬皮　適量
鹽　1/2 小匙

作法

1. 白蘿蔔洗淨後連皮切成5㎝長的細絲。檸檬皮充分洗淨後斜切成片。
2. 將1與鹽倒入圓缽中拌勻即可。（中神）

菫菇類是減醣料理的代表性食材

油漬蘑菇

冷藏保存	1/4份含醣量	熱量
1 週	1.6 g	176 kcal

材料（適量）

蘑菇　300g
大蒜　1瓣
紅辣椒　1根
橄欖油　300ml
油漬沙丁魚　1罐
鹽　1小匙
胡椒　少許
荷蘭芹末　1大匙

作法

1. 所有蔬菜洗淨後，蘑菇、切成一半的大蒜、紅辣椒、鹽與胡椒放入平底鍋後，注入八分滿的橄欖油。
2. 以小火加熱10分鐘，加入瀝乾水分的油漬沙丁魚與荷蘭芹末即可熄火。（牛尾）

Point

黑、茶色蔬菜對瘦身最有效果

蔬菜中讓人身體更健康的功能性成分大多包含在色素中，當中以黑色色素對瘦身最為有效！不僅可以燃燒脂肪，還能夠培養不易囤積體脂肪的體質。

海藻是減醣食材中的優等生

滷羊栖菜

冷藏保存	1/4份含醣量	熱量
1 週	7.3 g	55 kcal

材料（適量）

羊栖菜芽或長羊栖菜（乾燥） 20g
胡蘿蔔 1/4 條
四季豆 5 根
胡麻油 1 小匙

A
高湯 1 杯
砂糖 1 小匙
味醂、醬油 各 4 大匙

作法

1.所有食材洗淨後，羊栖菜泡水5分鐘，發漲後撈起瀝乾水分；胡蘿蔔切細絲，四季豆斜切成段。

2.鍋子熱好胡麻油後依序放入胡蘿蔔與羊栖菜，翻炒3分鐘。加入**A**，蓋上內蓋，以較小的中火煮10分鐘，直到收汁。

3.加入四季豆，續煮1分鐘，即可熄火直接靜置冷卻。（牛尾）

冷藏保存	1/4份含醣量	熱量
1 週	9.5 g	87 kcal

黃豆富含植物性蛋白質

蘿蔔絲乾滷黃豆

材料（適量）

蘿蔔絲乾 30g
黃豆（水煮） 80g
胡蘿蔔 1/2 條

A
高湯 1又1/2 杯
醬油、味醂 各 2 大匙
砂糖 1/2 大匙

作法

1.蘿蔔絲乾洗淨後浸水5分鐘，泡軟後撈起，擰乾水分。胡蘿蔔洗淨去皮、切細絲。

2.將**1**、黃豆與**A**倒入鍋，蓋上內蓋煮10分鐘，直到煮汁變少為止。

3.熄火直接靜置冷卻即可。（牛尾）

膳食纖維豐富，滋味香辣無比

辣炒牛蒡絲

冷藏保存	1/4份含醣量	熱量
1 週	7.0 g	63 kcal

材料（適量）

牛蒡　1條
胡蘿蔔　1/2條
切段的紅辣椒　1小撮
胡麻油　2小匙

A

高湯　2大匙
醬油、味醂　各2小匙

作法

1. 牛蒡與胡蘿蔔洗淨後去皮、切細絲。

2. 胡麻油倒入鍋中，以小火爆香紅辣椒後倒入**1**，轉中火翻炒3分鐘。炒軟後加入**A**，一邊拌炒，一邊煮至收汁為止。

3. 熄火直接靜置冷卻即可。（牛尾）

保存備用時海帶芽會自然泡漲至適口

寒天海帶芽沙拉

材料（適量）

寒天絲　15g
乾燥海帶芽　3g
小黃瓜　2條
蟹肉絲魚板（或火腿）　50g
鹽　1/2小匙

A

醋、醬油　1又1/2大匙
胡麻油　1大匙
炒過的白芝麻　1大匙

作法

1. 寒天絲浸水，泡漲後充分擰乾水分。小黃瓜洗淨後切小段，撒鹽輕揉，釋出水分後擰乾。蟹肉絲魚板撕成細絲（火腿的話切細絲）。

2. 將**1**、乾燥海帶芽與**A**混和拌勻即可。（牛尾）

冷藏保存	1/4份含醣量	熱量
4~5 天	2.8 g	73 kcal

用薑醃過之後再炸至酥脆更美味

酥炸牛蒡條

冷藏保存	1/4份含醣量	熱量
4~5 天	6.3 g	71 kcal

材料（適量）

牛蒡　1條

A

醬油、味醂　各2大匙

生薑汁　1小匙

太白粉、麵粉　各適量

油炸用油　適量

鹽　少許

作法

1.牛蒡洗淨後刮除外皮，切成3㎝長，細的部分保留，粗的部分縱切一半。將**A**調勻後倒入牛蒡中，醃漬30分鐘。

2.將**1**的醃醬稍微瀝乾，裹上用相同份量的太白粉與麵粉調成的炸粉，放入160℃的油鍋裡慢炸。

3.待牛蒡浮起時即可起鍋瀝乾後撒鹽。（牛尾）

海藻富含礦物質與膳食纖維

昆布絲炒鮪魚

冷藏保存	1/4份含醣量	熱量
4~5 天	0.6 g	60 kcal

材料（適量）

昆布絲　20g

罐頭鮪魚　1小罐

醬油　2小匙

鹽、胡椒　各少許

作法

1.昆布絲洗淨後浸水泡軟。

2.鮪魚連同油倒入平底鍋，熱好後加入瀝乾水分的**1**拌炒，再用醬油、鹽與胡椒調味，略微拌炒即可。（牛尾）

羊栖菜可有效補充鐵質

羊栖菜優格沙拉

冷藏保存	1/4份含醣量	熱量
3 天	5.3 g	92 kcal

材料（適量）

羊栖菜　30g
原味優格（無糖）　300g
紫蘇醬瓜末　60g
橄欖油　1大匙

A
蒜泥　少許
檸檬汁　2小匙
鹽、胡椒　各少許

作法

1.優格倒在鋪上一層廚房紙巾的瀝水盆中，靜置20分鐘，瀝乾水分。

2.羊栖菜浸水泡軟後瀝乾水分。平底鍋熱好橄欖油，放入羊栖菜，炒至水分蒸發後靜置冷卻備用。

3.將**1**倒入圓缽，與紫蘇醬瓜及**2**混和後，再加入**A**拌勻即可。（檢見崎）

牛蒡削成薄條片，份量更加飽滿

蒜辣牛蒡絲

冷藏保存	1/4份含醣量	熱量
4 天	2.7 g	80 kcal

材料（適量）

牛蒡　100g
大蒜　1瓣
紅辣椒　1根
鹽、胡椒　各少許
橄欖油　2大匙

作法

1.牛蒡洗淨後刮除皮，縱向刻上十字刀痕，用削皮器削成絲。浸泡在醋水（份量外）裡，去除澀味後瀝乾水分。大蒜切末。

2.橄欖油與大蒜放入平底鍋，以小火爆香。加入紅辣椒與牛蒡絲，炒軟後撒上鹽與胡椒調味即可。（藤井）

芝麻是醣類代謝必不可少的營養

牛蒡芝麻煮

冷藏保存	1/4份含醣量	熱量
5 天	6.1 g	54 kcal

材料（適量）

牛蒡　1又1/3條（200g）
磨碎的白芝麻　10g

A
高湯　1又1/2杯
醬油　2小匙
味醂　1小匙

作法

1.牛蒡洗淨後切5㎝長後再縱切一半。

2.將**A**倒入鍋，調勻後開中火，放入**1**。煮沸後蓋上內蓋，轉小火續煮20分鐘，直到湯汁幾乎收乾、牛蒡變軟。

3.加入磨碎的白芝麻，待所有材料都沾裹到後略為翻煮一下即可。（檢見崎）

口感與營養兼具的菇類大集合

什錦菇南蠻漬

冷藏保存	1/4份含醣量	熱量
3~4 週	2.5 g	69 kcal

材料（適量）

舞茸　1包（100g）
鴻禧菇　小的1/2包（50g）
香菇　3朵
青蔥　1/2根（蔥白部分
油炸用油　適量

A
麵露（3倍濃縮）　2大匙
醋、水　各1大匙
切段的紅辣椒　少許

作法

1. 蕈菇洗淨後分別去除根部，切成適口大小。青蔥縱切一半後再斜切成薄片。

2. 起油鍋加熱至170℃後依序放入香菇、舞茸與鴻禧菇，一邊慢慢攪拌，一邊炸1分30秒後起鍋放在廚房紙巾上，瀝乾炸油。

3. 將**A**倒入圓缽中，調勻後放入青蔥與尚未冷卻的**2**，拌勻並泡漬10分鐘即可。（今泉）

營養師的叮嚀
COLUMN 2

善用「椰子油」與「椰奶」減醣瘦身

椰子油與椰奶富含特有的「中鏈脂肪酸」

中鏈脂肪酸是油的其中一種成分，性質與奶油以及植物油這些油類所含的成分不同，在體內分解、吸收後，轉換成能量的速度快達5倍，以不容易形成體脂肪囤積在體內為特徵。

中鏈脂肪酸分解後形成的能量稱為「酮體（Ketone bodies）」。酮體是替代糖在體內運作的能量。只要酮體能量打開瘦身循環這個開關，就能夠有效燃燒體脂肪。

椰子油

每天2大匙，分2~3次食用

市面上品牌琳琅滿目，建議挑選低溫壓榨的初榨椰子油。香味獨特，可以摻入咖啡之類的熱飲，亦可當作煮咖哩或炒菜時的調理油，這樣會更容易入口。隨著溫度改變狀態是其特徵，有透明的液態，還有不到25°C就會凝固的白色固態。可置於常溫底下保存。因為是油類，有的人食用後會腹瀉，故要視情況斟酌使用。

近年成為熱門食材的椰子油與椰奶，
含有豐富的「中鏈脂肪酸」，
減糖生活有了它，瘦身會更有效，而且不容易復胖。

利用中鏈脂肪酸生產的「酮體」進行瘦身循環

然而，減醣生活剛開始時，有的人身體因為脫離不了仰賴醣類的日子，使得瘦身循環無法順利運轉，例如，無法抑制想吃醣類的欲望，結果出現情緒焦慮、老是想吃東西等症狀，都是瘦身循環運轉不順時會出現的狀態。

這時候登場的是椰子油與椰奶。喝咖啡或煮菜時加一些，中鏈脂肪酸會更容易製造出酮體，讓瘦身循環強制運轉。換句話說，椰子油與椰奶扮演著利用自己本身的體脂肪催促瘦身循環轉動的誘導角色。

椰奶

每天6~10大匙，分2~3次食用

油分會乳化，故呈乳狀。排斥喝油或容易腹瀉的人建議選擇椰奶。可以廣泛運用在飲品或料理上。狀態不會隨著溫度改變，亦可摻入冷飲中。然而開罐後無法長久保存，最好倒入製冰盒中凍成塊狀，冷凍保存。

Part.2

肉類

大快朵頤卻零醣分，
吃飽喝足還能瘦下來。

減醣最大的魅力，就是可以盡情享用肉類！

這樣就不會感受到伴隨瘦身而來的空虛與空腹感。

這裡所介紹的烹調法與調味料小祕方更不能錯過，

只是各位一定想像不到，

這當中並沒有使用任何特殊材料，

每道菜都鮮嫩多汁，份量飽滿，還可以和家人一起享用喔。

祕密食材比麵粉更香、更美味！

炸雞塊

冷藏保存	1/4份含醣量	熱量
4~5 週	2.7 g	609 kcal

也可以配上萵苣葉和檸檬等配菜。

材料（適量）

雞腿肉　3塊
鹽　1/4小匙
胡椒　少許
油炸用油　適量

A
醬油　2大匙
蒜泥、薑泥　各1/2小匙
豆瓣醬　1/4小匙
蛋　1顆

B
黃豆粉　5大匙
麵粉　1小匙
泡打粉　1/2小匙

作法

1.雞肉切適口大小後撒上鹽與胡椒。加入**A**，揉勻後醃漬15分鐘。

2.瀝乾醃醬，分三次沾裹調好的**B**拌勻。

3.放入160-170℃的油鍋裡炸至肉熟、外皮酥脆即可。（牛尾）

Point

減醣的祕密竟然是黃豆粉？！

黃豆粉是磨成粉狀的乾燥黃豆，醣類非常低，只有麵粉的1/5。調製麵衣時替代麵粉的話不僅可以增添一股豆香，風味更是絕佳。

洋蔥的清甜恰好緩和番茄的酸味

茄汁雞肉

冷藏保存	1/4份含醣量	熱量
4~5 天	7.0 g	281 kcal

吃時再熱一次，口感會更柔嫩美味。

材料（適量）

雞腿肉　400g
鹽、胡椒　各少許
洋蔥　1顆
大蒜　1瓣
橄欖油　1大匙

A

罐頭番茄　2杯
黑橄欖　12顆
月桂葉　1片
高湯粉　1小匙

B

鹽　1小匙
胡椒　少許
醬油　1/2小匙

作法

1.雞肉切適口大小後撒上鹽與胡椒。洋蔥洗淨後切半月形，大蒜切末。

2.起油鍋，放入大蒜爆香，並依序放入雞肉與洋蔥翻炒。

3.待洋蔥炒軟後加入**A**，燉煮10分鐘。最後再倒入**B**調味即可。（牛尾）

Point

雞肉是最適合減醣生活的肉類食材

沒想到熱量低的雞肉醣類含量趨近於零！不僅如此，還有保持肌膚滋潤的膠原蛋白與讓身體不易感到疲憊、消除疲勞、恢復體力的成分。價格低廉，隨處可買，持續瘦身生活絕對沒問題。

每100g雞肉所含醣類份量

雞肝 0.6g

雞胸肉 0g

雞腿肉 0g

雞翅 0g

雞胸肉 0g

雞胸肉也能做成叉燒

叉燒雞

放涼後美味不變，當作便當菜也不錯！

材料（適量）

雞胸肉　2小塊

A

醬油、味醂、酒　各3大匙

蜂蜜　1大匙

蒜泥、薑泥　各1/2小匙

作法

1.雞皮面朝外，捲起後用棉線捆起來，並用竹籤在雞皮刺幾個洞。

2.將**1**、半杯水與**A**倒入鍋中，蓋上內蓋，煮沸後轉小火，續煮10分鐘後熄火，靜置冷卻。

3.取出雞肉，拆下棉線，切成適口大小後放入保存容器中，湯汁留下備用。

4.湯汁加熱，熬煮至剩下一半後，分三次淋在雞肉上即可。（牛尾）

冷藏保存	1/4份含醣量	熱量
1 週	8.0 g	238 kcal

搭配香氣重的蔬菜更加可口美味

雞絲拌芹菜

冷藏保存	1/6份含醣量	熱量
3 天	2.1 g	200 kcal

材料（適量）

雞胸肉　2塊（約400g）
黃甜椒　小的1/2顆（50g）
洋蔥　1/4顆（50g）
芹菜　1/2根（50g）
芹菜葉　少許

A
鹽、砂糖　各1小匙多
酒　1大匙

B
薄薑片　3片（3g）
酒　1/4杯
熱水　1杯

C
沙拉油　3大匙
醋　2大匙
檸檬汁　1大匙
鹽　1/3小匙
胡椒　少許

作法

1.雞肉放入夾鏈保鮮袋中，加入**A**，均勻沾裹後醃漬1-2天。

2.將**B**倒入較厚的鍋子裡煮沸。將**1**略為沖洗，拭乾水分後放入煮滾醬料**B**的鍋中，再次煮滾時蓋上鍋蓋，以小火蒸煮12-15分鐘。肉煮熟後無須拿下鍋蓋，直接靜置冷卻。

3.蔬菜全洗淨。甜椒縱切一半，去除蒂頭與籽後橫切成薄片；洋蔥橫切成薄片；芹菜去筋後先縱切成一半，再斜切成薄片；芹菜葉切成1㎝寬。將**C**混和調勻後放入所有蔬菜，拌勻醃漬。

4.雞肉冷卻後去皮，用肉鎚敲過並撕成粗絲。

5.將**3**與**4**混和拌勻即可。（今泉）

無須添加砂糖調味就有蔬菜的香甜味

根菜炒雞肉

冷藏保存	1/6份含醣量	熱量
4~5 天	7.0 g	154 kcal

Point

用胡麻油炒菜妙用多

若胡麻油炒過後再滷煮，不僅可以去除雞肉的腥味，還能夠增添香味，提升滿足感。而且，食材炒過後也比較不容易煮爛。

材料（適量）

雞腿肉　1塊
牛蒡　1/2條
蓮藕　80g
胡蘿蔔　1/2條
香菇　4朵
四季豆　5根
胡麻油　2小匙

A

醬油、味醂　各2大匙

作法

1.雞腿肉切適口大小。

2.蔬菜全都洗淨後。牛蒡刮皮後滾刀切塊；蓮藕與胡蘿蔔也滾刀切成適口大小；香菇去除根部後縱切成四等分；牛蒡泡水後瀝乾。

3.鍋子熱好胡麻油後倒入**1**，炒上色後加入**2**，略為拌炒。倒入水1杯與**A**，蓋上內蓋，轉小火續煮10分鐘。

4.四季豆切成3㎝長，放入**3**，轉大火將湯汁收乾即可。（牛尾）

小火慢煎，滋味更甘甜

魚露燒雞

材料（適量）

雞腿肉　2大塊（600g）

A

洋蔥泥　1/4顆份

味醂　3大匙

魚露、酒　各1大匙

麵粉　適量

沙拉油　2小匙

黑胡椒粗粒　適量

獅子椒　適量

作法

1.用叉子在雞皮面刺幾個洞，放入保鮮袋中，加入**A**，輕輕按揉後封口，醃漬至少2小時。

2.取出雞肉拭乾醃醬，裹上一層薄薄麵粉。起油鍋，雞皮面朝下入鍋，蓋上鍋蓋，小火慢煎至兩面熟透（肉厚不容易煎熟時，可倒入少許水蒸煮）。

3.另起鍋，煎炒獅子椒。

4.將**2**的雞肉切適口大小，撒上胡椒，附上獅子椒即可。（堀江）

冷藏保存	1/4份含醣量	熱量
1 週	5.8 g	354 kcal

下鍋前撒上七味粉，煎出烤肉香

香烤七味雞

冷藏保存	1/4份含醣量	熱量
4~5 天	3.2 g	148 kcal

材料（適量）

雞中翅　8支
鹽　適量
沙拉油　1大匙

A
七味粉　1小匙
麵粉　2大匙

作法

1. 雞中翅撒鹽後，裹上均勻攪拌的 **A**。
2. 起油鍋，將**1**的帶皮那面放入鍋中，待兩面都煎上色後蓋上鍋蓋。小火續煎5分鐘，直至煎熟即可。（牛尾）

不油膩的簡單烤箱料理

羅勒雞翅

冷藏保存	1/4份含醣量	熱量
3 天	1.1 g	150 kcal

材料（適量）

雞翅　12支
皺葉萵苣　適量

A
白酒　1又1/2大匙
檸檬汁　1大匙
乾燥羅勒　1/2大匙
鹽　2小匙
黑胡椒粗粒　適量
橄欖油　少許

作法

1. 雞翅洗淨後放入保鮮袋，加入**A**，輕輕按揉後封口，醃漬至少2小時。
2. 鋁箔紙揉皺後攤平，鋪在烤箱的烤盤上。將**1**的帶皮面朝上排放，滴上數滴橄欖油，燒烤約6-7分鐘，直到表皮呈金黃色為止即可。端上桌時可附上皺葉萵苣。（堀江）

放越久越入味的家常菜

香滷豬肉

冷藏保存	1/4份含醣量	熱量
1 週	1.5 g	381 kcal

吃的時候要將滷豬肉切成薄片，並且當溏心蛋對切。

材料（適量）

豬梅花肉塊　450g
溏心蛋*　4顆

A
青蔥的蔥綠部分　1根份
薑　1片
大蒜　1瓣

B
醬油　50ml
紹興酒　2大匙
蠔油醬　1大匙
洋蔥泥　2大匙
八角　1粒
肉桂棒　1根
紅辣椒　1根

作法

1.豬肉洗淨後用棉線捆起後入鍋，倒入**A**與剛好蓋住材料的水，大火煮沸後蓋上鍋蓋，轉小火滷煮1小時。

2.另取一鍋，放入**1**的豬肉與滷汁3杯，加入**B**，蓋上內蓋，以中火滷30分鐘。煮至收汁約一半時放入溏心蛋，即可熄火靜置冷卻。（牛尾）

＊溏心蛋作法

置於室溫底下退冰的蛋放入煮沸的熱水裡，煮7分至7分半鐘後放在冷水裡剝殼即可。

Point

八角、肉桂的神祕滋味

使用香辛料做料理，即使不加砂糖依舊能夠釋放出甘甜深邃的滋味。
八角別名八角茴香或大料、肉桂又稱玉桂或桂皮，都是中醫生藥常用的香辛料。最大的特徵是酸酸甜甜的香味。

豬肉與辣椒有效促進新陳代謝

泡菜豬肉

冷藏保存	1/4份含醣量	熱量
3~4 天	3.7 g	239 kcal

材料（適量）

碎豬肉片　250g
豆芽菜　1/2 袋
洋蔥　1/2 顆
韭菜　1/2 把（50g）
韓國白菜泡菜　100g
鹽　1/2 小匙
胡椒　少許
醬油　1 小匙
胡麻油　1 大匙

作法

1. 蔬菜洗淨。豆芽菜去除鬚根；洋蔥切薄片；韭菜切段。
2. 平底鍋熱好胡麻油，倒入豬肉，炒上色後一邊依序放入洋蔥、豆芽菜、韭菜與泡菜，一邊拌炒。待食材熟後，撒上鹽、胡椒與醬油調味即可。（牛尾）

扎實的口味讓人吃了心滿意足。當作下酒菜也不錯。

盛盤時記得附上滿滿的高麗菜絲與小黃瓜片。

僅用洋蔥與白酒增添甘甜

薑燒豬肉

冷藏保存	1/4份含醣量	熱量
4~5 天	4.5 g	347 kcal

材料（適量）

碎豬肉片　400g
洋蔥　1 顆
鹽　1/2 小匙
胡椒　少許
白酒　50ml
沙拉油　1 大匙

A

醬油　2 大匙
生薑汁　1 大匙

作法

1. 豬肉撒上鹽與胡椒。洋蔥洗淨後切薄片。
2. 起油鍋，倒入豬肉炒上色，再加入洋蔥略為拌炒。
3. 加入白酒，待酒精揮發後倒入**A**拌炒均勻即可。（牛尾）

Point

白酒意外地適合減醣料理

1大匙白酒的醣分只有0.3g，不到日本酒的一半。想要增添酒香時，用白酒才是限制醣類的最佳調味料。挑選價錢合理的酒即可。

芥末醬是
這道菜的美味關鍵

蘿蔔芥末豬

冷藏保存	1/4份含醣量	熱量
3 天	8.9 g	314 kcal

材料（適量）

薄豬肉片　200g
白蘿蔔　10cm（250g）
鹽　少許
太白粉　3-4 大匙
蘿蔔嬰　適量

A

美乃滋　5 大匙
顆粒芥末醬、麵露（3 倍濃縮）
各 1 又 1/2 大匙
鹽、黑胡椒粗粒　各少許

作法

1. 蘿蔔洗淨去皮後，切5㎜厚的圓片，再十字切成1/4等分，煮至竹籤可以輕鬆刺穿的程度時撈起瀝乾備用。
2. 豬肉切3-4㎝寬，撒上鹽與太白粉，放入**1**的熱水裡燙熟，再撈起放入冷水裡一會兒，便再撈起瀝乾。
3. 將**1**與**2**混和，淋上調好的**A**拌勻即可。上桌前再附上蘿蔔嬰。（堀江）

Point

豬肉的醣分含量意外地少

豬肉不管是哪一個部位醣類都非常低。營養價值高，而且還含有豐富的維生素B_1，能夠促進新陳代謝，消除疲勞，是運動後適合補充的蛋白質。

每100g豬肉所含醣類份量

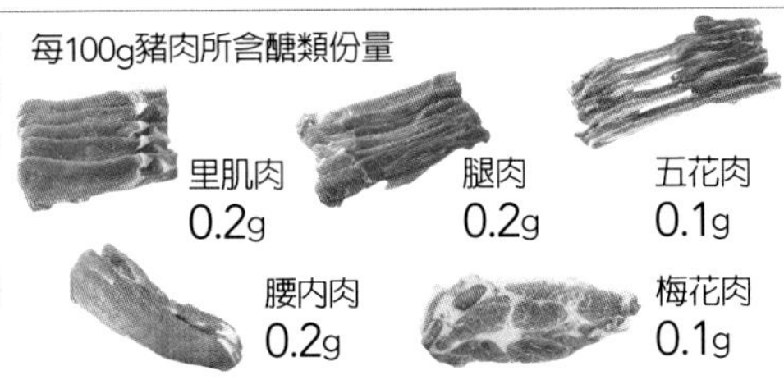

口感十足的排骨＋彈嫩低醣蛋

巴薩米克醋排骨

冷藏保存	1/6份含醣量	熱量
5 天	7.4 g	372 kcal

材料（適量）

排骨　600-700g
蛋　4顆
四季豆　100g
鹽、沙拉油　各少許

A

醬油　3大匙
巴薩米克醋、橘皮果醬、酒　各4大匙
薄薑片　2片
薄蒜片　1瓣份

作法

1. 排骨用熱水略煮過後放入冷水裡洗淨，並瀝乾水分備用。

2. 蛋煮熟後剝殼。四季豆洗淨後對切，放入加了鹽與沙拉油的熱水裡汆燙2分鐘，再撈起瀝乾備用。

3. 排骨、**A**與1又1/2杯水倒入鍋中，煮沸後蓋上鍋蓋滷煮。不時上下翻動，燉煮1小時。

4. 撈除鍋中浮油後，將蛋放入鍋中。一邊上下翻動一邊續滷10分鐘。上桌時再附上四季豆即可。（今泉）

Point

添加巴薩米克醋滋味更加醇厚

有了巴薩米克醋，就算其他調味料的用量減到最低，依舊能夠烹調出鬆軟柔嫩、香醇味濃的好滋味，而且排骨會更容易吃。

輕鬆做出一道宴客佳餚

香烤鹹豬肉

冷藏保存	1/6份含醣量	熱量
1 週	7.4 g	273 kcal

材料（適量）

豬梅花肉塊 500g
馬鈴薯 1顆
胡蘿蔔 1條
鹽 2小匙
黑胡椒粗粒 適量
蒜泥 適量
橘醋醬油 1/2杯
橄欖油 1大匙

A
味醂 4大匙
酒 3大匙

作法

1. 整塊豬肉抹鹽後先捲上一層廚房紙巾，再用保鮮膜包起來，並放入保鮮袋，冷藏保存至少一天，做成鹹豬肉（醃漬時間超過二天時，若釋出多餘水分，則需更換紙巾）。
2. 黑胡椒粗粒與蒜泥抹在**1**的鹹豬肉上。亦可依喜好撒上香草植物。
3. 平底鍋熱好橄欖油後放入**2**，表面煎上色即可起鍋。
4. 將**3**擺在鋪上一層烘焙紙的烤盤上，再放上切成四等分的馬鈴薯與滾刀切塊的胡蘿蔔，放入預熱至200℃的烤箱裡烘烤15分鐘。接著，溫度降至170℃，續烤20-25分鐘後用鋁箔紙包起來，直接靜置冷卻即可。
5. 製作醬汁。將**A**倒入小鍋中，煮沸後續煮1分鐘熄火。加入**4**的烤盤上剩下的肉汁與橘醋醬油混和即完成。（堀江）

Point

下飯又多變化的鹽醃鹹豬肉

做成鹹豬肉，可以冷藏保存保存一週，冷凍保存三週。時間充裕的話多做一些會更方便。拿來做蔬菜燉肉或切片煎熟也十分美味。

濃縮甘甜的番茄糊煮出減醣美味

多明格拉斯漢堡排

冷藏保存	1/4份含醣量	熱量
4~5 天	7.7 g	357 kcal

連同蔬菜一起燉煮，口感會更豐富。

材料（適量）

牛豬綜合絞肉　400g
蘑菇　1包
花椰菜　1顆
鹽　1/2小匙
胡椒　少許
奶油　10g
沙拉油　1大匙

A
洋蔥末　1/2顆
蛋液　1/2顆份
鹽　1/2小匙
胡椒　少許

B
紅葡萄酒、水　各150ml
番茄糊　1杯
大蒜　1瓣
月桂葉　1片
高湯粉　1/2小匙

作法

1. 絞肉攪拌至充滿黏性後加入**A**，繼續拌勻。分成四等分，分別捏成橢圓形。
2. 蔬菜全洗淨後，蘑菇切半，花椰菜切小朵。
3. 起油鍋放入**1**，將兩面煎成金黃色；加入**B**與蘑菇，以中火燉煮20分鐘後再放入花椰菜，續煮5分鐘。
4. 撒上鹽與胡椒調味，最後再淋上融化的奶油即可。（牛尾）

Point

不摻任何人工添加物的鮮肉吃起來美味無比

達到減醣的條件，就是做出不添加任何麵包粉當作粘和材料的肉餡。這樣不僅可以做出肉塊綿密的口感，吃起來更是鮮嫩多汁，展現出正統派的好風味。

肉和蔬菜都能一次滿足的家常菜

高麗菜肉卷

冷藏保存	1/4份含醣量	熱量
5 天	6.7 g	147 kcal

材料（適量）

雞絞肉、牛豬綜合絞肉　各 100g
高麗菜葉　4 片
洋蔥　1/2 顆
蛋液　1/2 顆份
麵包粉　2 大匙

A

水　1 杯
高湯粉　1/2 小匙
月桂葉　1 片
醬油　1 小匙
鹽　1/4 小匙
胡椒　少許

作法

1. 高麗菜葉洗淨後放入加了少許鹽（份量外）的熱水裡，汆燙後撈起、瀝乾水分，菜梗較厚的部分削薄備用。
2. 洋蔥洗淨後切末後加入雞絞肉、牛豬綜合絞肉、蛋液與麵包粉，揉成肉餡。
3. 將肉餡分成四等分，各取一片高麗菜葉包起後，再用牙籤固定尾端。
4. 將**3**放入鍋中，倒入**A**，蓋上內蓋，中火煮沸後續燉10分鐘即可熄火。（牛尾）

Point

絞肉的調味料請務必慎選

絞肉煮熟的速度非常快，在一般家庭中屬於容易烹調的食材。含醣量雖然低，但是調味時必須慎選調味料。

每100g絞肉所含醣類份量

雞絞肉 0.2g

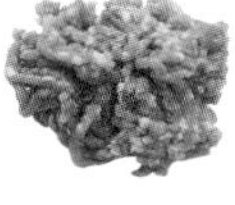

豬絞肉 0.2g

牛絞肉 0.5g

牛豬綜合絞肉 0.3g

蒟蒻是減醣瘦身的好夥伴

豬肉蒟蒻丸

材料（適量）

豬絞肉　300g
蒟蒻塊　100g
香菇　4 朵
青蔥　1/2 根
薑　1 片
沙拉油　2 小匙

A

麵包粉　2 大匙
太白粉　2 小匙
鹽　1/3 小匙

B

酒　3 大匙
醬油　1 又 1/2 大匙
味醂　1 又 1/2 大匙
砂糖　2 小匙
紅辣椒　1 根

冷藏保存	1/4份含醣量	熱量
5 天	7.5 g	233 kcal

作法

1.蒟蒻洗淨後切成7-8㎜的丁狀，略為汆燙後撈起備用；香菇洗淨後去蒂後切碎；青蔥與薑也切成末。

2.將**1**與**A**倒入絞肉中，充分按揉後分成八等分再揉成球狀。

3.起油鍋，**2**的兩面煎過後蓋上鍋蓋，轉小火續煎3分鐘。煎熟後倒入調勻的**B**略微拌煮即可。（牛尾）

絞肉按揉後填入模具裡烘烤即可

美式烘肉餅

冷藏保存	1/4份含醣量	熱量
5 天	7.7 g	214 kcal

材料（適量）

牛豬綜合絞肉　300g
洋蔥　1/3 顆
胡蘿蔔　1/4 條
沙拉油　少許

A

冷凍綜合豆仁　80g
蛋液　1 顆份
麵包粉　3 大匙
法式多蜜醬汁
（Demi-glace sauce）　1/2 杯
鹽、胡椒　各少許

作法

1. 蔬菜全洗淨後，洋蔥與胡蘿蔔切成末。

2. 絞肉倒入圓缽中充分按揉。加入**1**與**A**拌勻。

3. 磅蛋糕模內層塗上薄薄一層沙拉油，將**2**倒滿其中。

4. 放入預熱200℃的烤箱裡烘烤30分鐘。取出以竹籤輕刺，釋出清肉汁即算烤熟。

5. 直接靜置冷卻後從模具中取出，切成五等分即可上桌。（牛尾）

不管放多久，
蓮藕的美味依舊不變

蓮藕肉餡餅

材料（適量）

牛豬綜合絞肉　150g
蓮藕　1小節（約200g）
去殼蝦肉　50g
青蔥　1/4根
薑　1片
太白粉　適量
沙拉油　1大匙

A
太白粉、酒　各1大匙
鹽　1小匙

作法

1.去殼蝦肉去除泥腸後剁碎。青蔥與薑洗淨後切成末。

2.絞肉倒入圓缽中，充分按揉後加入**1**與**A**拌勻。

3.蓮藕洗淨後切成5㎜厚的半圓形，泡過醋水（份量外）後瀝乾，其中一面沾上太白粉，等分夾上**2**。

3.起油鍋，將**3**的兩面都煎過後蓋上鍋蓋，轉小火續煎5分鐘即可。（牛尾）

冷藏保存	1/4份含醣量	熱量
4~5 天	8.9 g	169 kcal

利用紅酒替代佐料的甜

壽喜燒

冷藏保存	1/4份含醣量	熱量
3~4 天	5.7 g	292 kcal

上桌前先加熱，再依喜好沾上蛋液享用。

材料（適量）

薄牛肉片　300g
番茄　1顆
白菜　150g
鴻禧菇　1包
青蔥　1根
豆腐　200g
牛油（或沙拉油）　適量
紅酒　1/2杯

A
醬油　3大匙
高湯　2杯

作法

1.蔬菜全洗淨後，番茄切除蒂頭，底部劃十字，放入熱水裡略為汆燙後，浸泡在冷水裡剝皮。

2.白菜切段；鴻禧菇撕小朵、青蔥斜切成薄片；豆腐切成適口大小備用。

3.牛油放入鍋中加熱，倒入青蔥，炒軟後淋上紅酒，讓酒精揮發。

4.加入番茄、白菜、鴻禧菇與豆腐，注入**A**，煮沸後放入牛肉，續煮5-7分鐘即可。（牛尾）

Point

紅酒的功用不只在提味

紅酒的醣類含量是每100g，含1.5g醣類。當作壽喜燒的佐料，醣類總量就可以降到1/9。除此之外，葡萄酒還可以消除肉腥味，吃時更加清爽不膩。

肉片快炒過後與蔬菜拌勻即可

甜椒炒牛肉

冷藏保存	1/4份含醣量	熱量
1 週	5.5 g	196 kcal

醃醬與牛肉甘甜的滋味搭配出人間美味！還可以改用芹菜與蘆筍等其他蔬菜。

材料（適量）

碎牛肉片　300g
洋蔥　1/2 顆
紅、黃甜椒　各 1/2 個
鹽　1 小匙
胡椒　少許
橄欖油　1 大匙

A

醋　3 大匙
醬油　3 大匙
蒜泥　1/2 瓣份

作法

1.牛肉撒上鹽1/2小匙與胡椒。

2.洋蔥與甜椒洗淨後切薄片，撒上剩下的鹽，稍微按揉後，擰乾水分。

3.平底鍋熱好橄欖油，將**1**下鍋，炒熟後倒入保存容器中，加上**A**與**2**拌勻即可。（牛尾）

Point

牛肉的補血效果眾所皆知

牛肉是醣類超低的食材，含量豐富的鐵還能夠製造血液中的血紅素（hemoglobin）。牛肉這類動物性的鐵在體內的吸收率不僅比植物性的好，還能夠充分得到利用，有效預防貧血。

每100g牛肉所含醣類份量

腿肉
0.5g

沙朗
0.3g

牛肋
0.3g

里肌薄肉片
0.2g

豪華烤牛肉也能用微波爐迅速完成

和風生烤牛肉

冷藏保存	1/4份含醣量	熱量
2~3 天	1.3 g	195 kcal

材料（適量）

牛瘦肉塊　400g
蒜泥　1瓣份
鹽、胡椒　各少許
蔥花　適量
醬油　適量

作法

1.牛肉表面抹上一層蒜泥，撒上鹽與胡椒後均勻搓揉。

2.將牛肉放入耐熱容器中，蓋上保鮮膜，微波加熱4分鐘後直接靜置冷卻。

3.刮除表面的蒜泥，放入保存容器中，蓋上蓋子冷藏保存。吃時切成4-5㎜厚，盛入容器，撒上蔥花，沾上醬油即可享用。（池上）

Point

牛瘦肉適合培養瘦身體質

想要靠吃肉來培養瘦身體質，最值得推薦的就是牛肉的瘦肉部分。不過，牛肉加熱時間太久，口感反而會變硬，因此烘烤加熱時，以每100g約1分鐘的標準來處理，最好烹調出中間處於半熟狀態的熟度。

肉絲與蔬菜口感均衡

青椒肉絲

冷藏保存	1/4份含醣量	熱量
1 週	4.7 g	152 kcal

材料（適量）

薄牛肉片　200g
青椒　5顆
水煮竹筍　100g
鹽、胡椒　各少許
太白粉　1小匙
胡麻油　1大匙

A
醬油、味醂、酒　各1/2大匙
砂糖、蠔油醬　各1小匙

作法

1.牛肉切細絲，撒上鹽與胡椒。蔬菜全洗淨後，青椒縱切一半，去除蒂頭與籽後切細絲；竹筍也切成細絲。

2.平底鍋熱好胡麻油，倒入牛肉炒上色後加入青椒與竹筍翻炒。

3.倒入調勻的**A**略微拌炒，再倒入與2小匙的水調勻的太白粉水勾芡即可。（牛尾）

美味的重點在於蒟蒻

蒟蒻炒牛肉

冷藏保存	1/4份含醣量	熱量
1 週	3.0 g	154 kcal

材料（適量）

碎牛肉片　200g
蒟蒻　1塊
胡麻油　2小匙

A
醬油　2大匙
砂糖　1大匙
七味粉　1/2小匙

作法

1.牛肉切適口大小。蒟蒻洗淨後用湯匙挖成適口大小，略為汆燙後撈起瀝乾備用。

2.平底鍋熱好胡麻油，依序放入牛肉與蒟蒻拌炒，再加入1杯水與**A**，蓋上內蓋，以小火滷煮10分鐘，直到湯汁整個幾乎收乾為止。（牛尾）

用低熱量、低醣分
蒟蒻絲替代冬粉

韓式烤肉拌蒟蒻

材料（適量）

碎牛肉片　200g
蒟蒻絲　200g
紅、黃甜椒　各 1/2 個
香菇　4 朵
青蔥　30g
胡麻油　2 小匙
炒過的白芝麻　適量

A

醬油　2 大匙
紅辣椒粉　1/2 大匙
炒過的白芝麻　1 大匙
胡麻油　2 小匙
味噌　1 小匙
洋蔥泥　2 大匙
蒜泥、薑泥　各 1/2 小匙

作法

1. 蒟蒻絲洗淨後切段，用熱水汆燙2分鐘後撈起瀝乾。

2. 牛肉均勻沾裹**A**。

3. 蔬菜全洗淨後，甜椒與香菇切薄片；青蔥切3㎝長的蔥段。

4. 平底鍋熱好胡麻油，倒入**1**與**2**，炒熟後加入**3**拌炒，上桌前撒上芝麻即可。（牛尾）

善用香料去除羊肉腥羶味

烤羊小排

冷藏保存	2塊含醣量	熱量
1 週	0.1 g	293 kcal

事先醃好的羊肉只要再次加熱，就能夠品嘗到剛起鍋的鮮嫩口感。

材料（適量）

羊小排　8塊
鹽　2/3小匙
胡椒　少許
大蒜　1瓣
迷迭香　1株
鼠尾草　5片

A
檸檬圓形切片　3片
白酒醋　1大匙
橄欖油　2大匙

作法

1.羊肉略微沖洗後，撒上鹽與胡椒。

2.食材全洗淨。大蒜切薄片；迷迭香撕碎；鼠尾草撕小片。

3.將**2**與**A**撒在羊肉上，醃漬半天。

4.放入預熱180°C的烤箱裡烘烤15分鐘即可（亦可用平底鍋煎）。（牛尾）

Point

羊肉有意想不到的瘦身成分

在蛋白質食材當中，羊肉是值得推薦的其中一種。這裡頭包含的肉鹼（carnitine）屬於胺基酸，能夠促進脂肪燃燒，大幅提升減醣的力量。

每100g羊肉所含醣類份量

羊小排
0g

搭配香菜讓人吃了欲罷不能

孜然炒羊肉

冷藏保存	1/4份含醣量	熱量
4~5 天	4.3 g	225 kcal

孜然襯托出羊肉美妙滋味。

材料（適量）

薄羊肉片　300g
鹽　1/2 小匙
胡椒　少許
洋蔥　1 顆
孜然　1 小匙
沙拉油　1 大匙
紹興酒　2 大匙
醬油　2 小匙
香菜　30g

作法

1. 羊肉略為沖洗後，撒上鹽與胡椒。洋蔥洗淨後以切斷纖維的方式，橫剖成1㎝厚。
2. 沙拉油與孜然倒入鍋，熱好後加入羊肉，炒上色再放入洋蔥拌炒。
3. 加入紹興酒、醬油與洗淨切段的香菜，略為翻炒即可熄火。（牛尾）

Point

孜然風味獨特且有益身體

咖哩香味來源之一的孜然（小茴香）是東南亞與中近東料理常用的香辛料。可以幫助消化，同時也是中藥的生藥之一。

巴薩米克醋讓羊肉風味更濃郁

紅酒燉羊肉

冷藏保存	1/4份含醣量	熱量
4~5 天	3.3 g	295 kcal

材料（適量）

羊腿肉　400g
鹽、胡椒　各少許

A

洋蔥泥　1/2 顆份
蒜泥、薑泥　各 1/2 小匙

B

紅葡萄酒　1 杯
月桂葉　1 片
迷迭香　1 株
醬油　1 小匙
巴薩米克醋　1 大匙
橄欖油　1 大匙

作法

1. 羊肉略為洗淨後切適口大小，撒上鹽與胡椒。

2. 橄欖油倒入平底鍋，以小火加熱；倒入**A**，炒出香味後加入**1**與**B**，燉煮10分鐘，最後撒上少許鹽與胡椒調味即可。（牛尾）

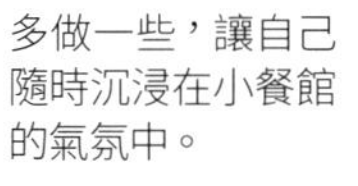

多做一些，讓自己隨時沉浸在小餐館的氣氛中。

材料的大小切齊與辛辣度是關鍵

香腸辣炒豆仁

冷藏保存	1/4份含醣量	熱量
4~5 天	9.3 g	228 kcal

材料（適量）

小香腸　150g
水煮紅菜豆　150g
洋蔥　1/2 顆
青椒　3 顆
大蒜　1 瓣
橄欖油　1 大匙
鹽　1/3 小匙
胡椒　少許

A
番茄糊　2 大匙
醬油　1 小匙
辣椒粉　1/4 小匙

作法

1. 食材全洗淨。香腸切成1.5㎝長；紅菜豆瀝乾水分；洋蔥與青椒切成1.5㎝丁狀；大蒜切碎。
2. 橄欖油與大蒜倒入鍋中，爆香後先加入香腸翻炒，接著再放入紅菜豆、洋蔥與青椒拌炒，最後撒上**A**、鹽與胡椒調味即可。（牛尾）

辣椒粉讓滋味更加辛香。

Point

肉類加工品的含醣量較多，攝取時要多加注意！

有些火腿與香腸等的加工品含醣量較多，因此，購買時必須留意成分標示表。這當中值得推薦的，就是減醣的生火腿。

每100g羊肉所含醣類份量

臘腸、香腸
3.0g

里肌火腿片
1.3g

培根
0.3g

蘿蔔絲乾的口感醞釀出美妙滋味

香腸&德國酸菜

材料（適量）

小香腸　4 條
高麗菜葉　2-3 片（150g）
蘿蔔絲乾　40g

A

顆粒芥末醬　2 大匙
醋　1 大匙
砂糖　1 小匙
高湯粉、鹽　各 1/2 小匙
胡椒　少許
橄欖油　1 大匙
蒜泥　1/2 小匙
水　1 又 1/2 杯

作法

1. 食材洗淨後，香腸斜切成三等分；高麗菜切成1㎝寬；蘿蔔絲乾倒入裝滿水的圓缽中搓洗，變滑後換水，略微清洗，擰乾水分後切適口大小備用。

2. 將 **1** 與 **A** 倒入鍋中攪拌，開大火略為煮沸後轉小火，蓋上鍋蓋，一邊不時攪拌一邊煮20分鐘，直到蘿蔔絲乾煮軟為止即可。（小林）

冷藏保存	1/4份含醣量	熱量
1 週	8.8 g	157 kcal

生火腿搭配檸檬的果酸味

檸香生火腿

冷藏保存	1/4份含醣量	熱量
4~5 天	7.4 g	99 kcal

材料（適量）

生火腿　40g
洋蔥　2 顆
鹽　1/2 小匙
義大利荷蘭芹　10g

A

檸檬汁　1 大匙
橄欖油　1 大匙
顆粒芥末醬　1/2 大匙
酸豆　2 大匙
胡椒　少許

作法

1. 洋蔥洗淨後以切斷纖維的方式橫剖成薄片後，撒鹽輕揉並擰乾水分。

2. 生火腿撕成適口大小。義大利荷蘭芹洗淨後切成粗末。

3. 將 **1**、**2** 與 **A** 倒入保存容器中混和攪拌即可。（牛尾）

生火腿搭配芥末淋醬堪稱絕配！當作下酒菜再適合也不過了。

Part.3

海鮮

吃下海洋的精華與養分，
瘦身兼健身養腦。

海鮮不僅是低醣食材，更含豐富的營養成分，

一天中最理想的飲食生活，就是均勻攝取肉與魚，

以穩定蛋白質來源，提供身體力量。

優質海鮮只要簡單蒸煮即可品嘗到新鮮好滋味。

做成常備料理，仍能維持絕佳口感。

薑香濃郁的天然酸甜好滋味

鮭魚南蠻漬

冷藏保存	1/4份含醣量	熱量
4~5 天	4.1 g	228 kcal

重點在於不添加砂糖的南蠻醃醬！

材料（適量）

鮭魚　4片
鹽、胡椒　各少許
麵粉　1小匙
芹菜　1/2根
洋蔥　1/2顆
油炸用油　適量

A
高湯　1杯
醬油　1大匙
生薑汁　1小匙
醋　1小匙
紅辣椒　1根
味醂　1小匙

作法

1.鮭魚略為沖洗切成三、四等分，撒上鹽與胡椒後裝進塑膠袋，倒入麵粉，再晃動袋子，讓魚肉裹上一層薄薄的麵衣。

2.蔬菜全洗淨後，芹菜斜切絲；洋蔥切絲後放入保存容器中，加入**A**攪拌備用。

3.將**1**放入170℃的油鍋裡，炸熟後撈起，趁熱泡漬在**2**中即可。（牛尾）

Point

優質海鮮的營養，除了有益身體還能瘦得健康！

海鮮類不僅是低醣類的食材，而且還含有豐富的n-3脂肪酸。一天當中最理想的飲食生活，就是均勻攝取肉與魚。

每100g海鮮所含醣類份量

鮭魚、燻鮭魚 0.1g

鯖魚 0.3g

白肉魚 0.1g

紅肉魚 0.1g

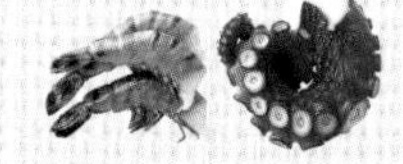

蝦、章魚 0.1g

貝類（蛤蜊） 0.4g

罐頭鮪魚 0.1g

熟悉的滷煮菜做成鹽味料理

鹽香鰤魚

冷藏保存	1/4份含醣量	熱量
3 天	7.6 g	199 kcal

材料（適量）

鰤魚（青甘）　2片
白蘿蔔　1條（1.2kg）
菠菜　400g
生薑汁　2小匙
鹽　適量
柚子胡椒　適量

A
昆布　20㎝
水　6杯
鹽　1小匙
酒　4大匙

作法

1. 白蘿蔔洗淨後切成2㎝厚的半圓形，邊角刮圓後放入鍋，倒入剛好蓋住食材的水，煮沸後續煮2分鐘，撈起白蘿蔔瀝乾備用。菠菜洗淨後放入加了少許鹽的熱水裡，略微汆燙後撈起泡冷水，接著切成4㎝長後擰乾水分備用。

2. 將**A**倒入鍋，加熱煮10分鐘，待昆布泡漲後倒入**1**的白蘿蔔。湯汁煮沸後轉小火，蓋上內蓋，再蓋上鍋蓋，滷煮30分鐘。

3. 鰤魚切適口大小，抹上薑汁與少許鹽，靜置10分鐘後用廚房紙巾拭乾水分。

4. 將**3**倒入**2**中，蓋上內蓋後續煮10分鐘。取下內蓋，放入菠菜，煮2分鐘後熄火，加入柚子胡椒並且調散即可。（夏梅）

鮮蝦與鮭魚的甘甜融入奶油醬

奶醬蝦仁鮭魚

冷藏保存	1/4份含醣量	熱量
3~4 天	3.7 g	379 kcal

材料（適量）

鮮蝦（帶殼） 8隻
鮭魚 2片
大蒜 1瓣
洋蔥 1/4顆
杏鮑菇 1朵
蘑菇 5朵
奶油 20g
白酒 1/4杯
鹽、胡椒 各適量

A
檸檬圓形切片 2片
鼠尾草 5片
液態鮮奶油 1杯

作法

1.鮮蝦略為沖洗後去殼留尾，背部剖開，剔除泥腸。鮭魚切四等分後撒上1/2小匙鹽與少許胡椒備用。

2.食材洗淨後，胡蘿蔔與洋蔥切末，杏鮑菇與蘑菇切薄片備用。

3.平底鍋熱好奶油，倒入**1**，炒上色時起鍋備用。

4.將**2**倒入**3**的鍋子裡翻炒，所有材料都沾上油時倒回蝦仁與鮭魚，淋上白酒。

5.加入**A**，略為煮沸後撒上鹽與胡椒調味即可。（牛尾）

Point

偶而也能善用液態鮮奶油，來點不一樣的滋味

即使是因為瘦身而禁吃的高熱量液態鮮奶油，裡頭的含醣量其實非常低，每100g只有3.1g，所以吃時不用擔心。不僅如此，口感還非常美妙。

魚腥味就交給生薑來處理

薑絲香滷沙丁魚

冷藏保存	1/4份含醣量	熱量
6 天	7.7 g	276 kcal

材料（適量）

沙丁魚　8 條
薑絲　80g
四季豆　80g
鹽　少許
沙拉油　2 小匙

A

酒、砂糖、醬油　各 3 大匙
水　2 杯

作法

1. 沙丁魚略為沖洗後，清理魚鱗，切下魚頭後，魚身切半，清除內臟後再用鹽水迅速洗淨，並將水分拭乾。

2. 平底鍋熱好沙拉油，將**1**的兩面稍微煎過。釋出鍋中的油用廚房紙巾擦過後，倒入**A**與薑絲。

3. 蓋上內蓋，滷煮15分鐘後將沙丁魚翻面，繼續煮到滷汁稍微收乾為止。

4. 四季豆洗淨後長度切成等分，放入加了鹽的熱水裡，汆燙2分鐘後撈起，放在滷煮沙丁魚的鍋子邊緣，裹上滷汁即可。（夏梅）

滿滿的檸檬汁療癒疲憊的身心

油漬燻鮭魚

材料（適量）

燻鮭魚　60g
洋蔥　1/4 顆
蘿蔔　5 ㎝長（150g）
紅甜椒　1/4 個
檸檬　1 顆

A

橄欖油　3 大匙
鹽　2/3 小匙
胡椒　適量

作法

1. 食材全洗淨。鮭魚切適口大小；洋蔥切薄片；蘿蔔切成薄薄的半圓形片；甜椒橫向切細絲。檸檬切下2片圓形片後，十字切成1/4圓片狀，當作裝飾，剩下的擰汁，與**A**混和。

2. 洋蔥、蘿蔔與甜椒倒入在**1**調好的**A**裡，放入冰箱冷藏保存至少1小時，直到泡軟入味為止。

3. 加入鮭魚與切成1/4圓片狀的檸檬片拌勻。盛入容器，亦可撒上蒔蘿裝飾。（重信）

冷藏保存	1/4份含醣量	熱量
2~3 天	4.0 g	141 kcal

彈嫩的蝦仁絕配酸甜番茄

茄汁蝦仁

冷藏保存	1/4份含醣量	熱量
1 週	2.9 g	101 kcal

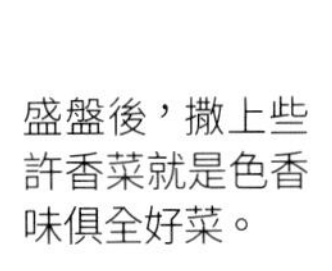

盛盤後，撒上些許香菜就是色香味俱全好菜。

材料（適量）

鮮蝦（帶殼）　300g
洋蔥　1/4 顆
大蒜　1 瓣
薑　1 片
豆瓣醬　1 小匙
醬油　2 小匙
鹽、胡椒　各少許
胡麻油　2 小匙
油炸用油　適量

A
番茄糊　2 大匙
雞湯粉　1 小匙
紹興酒　2 小匙

作法

1.鮮蝦略為沖洗後帶殼剖開背部，剔除泥腸後放入170℃的油鍋裡炸至酥脆。

2.洋蔥、大蒜與薑洗淨後切末備用。

3.平底鍋熱好胡麻油，倒入**2**與豆瓣醬，洋蔥炒軟後加入**A**攪拌。倒入**1**，拌炒後撒上鹽與胡椒調味即可。（牛尾）

Point

減醣料理可用番茄糊替代番茄醬

番茄醬含醣量高，所以不適合用來烹調減醣料理。這時候可以改用番茄糊。因為番茄醬1大匙的含醣量每100g有4.5g，但是番茄糊卻只有1.5g。

冷藏保存
3~4
天

1/4份含醣量
3.6
g

熱量
201
kcal

用腐竹替代燒賣皮的減醣美食

腐竹扇貝燒賣

材料（適量）

扇貝　200g	鹽　1/3 小匙
豬絞肉　200g	胡椒　少許
青蔥　1/2 根	腐竹　3 片
薑　1 片	醬油、醋、芥末醬　各適量

上桌時記得附上醋醬油與芥末醬。

作法

1.扇貝剁成泥。青蔥與薑洗淨後切末。

2.將**1**與絞肉倒入圓缽，撒上鹽與胡椒充分按揉。

3.腐竹浸水泡軟，瀝乾水分後整個攤開，取1/3份量的**2**，在上面抹成條狀後整個捲起。剩下的2片作法相同。

4.放入充滿蒸氣的蒸籠裡蒸煮5分鐘即可。（牛尾）

Point

腐竹的低醣很適合用來做減醣料理

腐竹是黃豆的植物性蛋白質加熱凝固而成的食材，每片的醣類非常低，只有0.9g，非常適合用來替代燒賣皮或春卷皮。

番茄的酸甜與海鮮的鮮香非常契合

茄汁章魚

冷藏保存	1/4份含醣量	熱量
4~5 天	5.5 g	157 kcal

材料（適量）

水煮章魚　400g
洋蔥　1/2 顆（100g）
芹菜　1 根
橄欖油　1 大匙

A

番茄汁（無鹽）　1 又 1/2 杯
月桂葉　2 片
百里香　少許
砂糖　1 小匙
鹽、胡椒　各少許

作法

1. 章魚沖洗乾淨後滾刀切適口大小。洋蔥與芹菜洗淨後切末。

2. 平底鍋熱好橄欖油，倒入洋蔥與芹菜，炒軟後加入 **A**，一邊不時地攪拌，一邊燉煮3-4分鐘。

3. 湯汁幾乎快收乾時倒入章魚，續煮2-3分鐘即可。（檢見﨑）

Point

章魚最後下鍋，保持柔嫩口感

章魚煮太久的話，口感會變硬，故烹調時先熬煮番茄醬汁，最後再將章魚倒入。

炒蒟蒻絲時不加油可減少熱量

鱈魚卵炒蒟蒻絲

冷藏保存	1/4份含醣量	熱量
3 天	0.4 g	46 kcal

材料（適量）

鱈魚卵　100g

蒟蒻絲　2 袋（400g）

酒　4 小匙

鹽　少許

作法

1.蒟蒻絲洗淨後用熱水汆燙，撈起切成適口長度。鱈魚卵剝去皮膜。

2.熱好不沾鍋，倒入蒟蒻絲，乾炒至水分蒸發後加入鱈魚卵與酒，迅速拌炒，再撒鹽調味即可。（岩崎）

同時吃到 Q 彈海鮮與香脆蔬菜的口感

涼拌魷魚高麗菜

材料（適量）

魷魚　2 隻

高麗菜　小的 1/2 顆（500g）

鹽　1 小匙

黃甜椒　1/2 個

A

橄欖油　1/3 杯

醋　1/4 杯

顆粒芥末醬　2 大匙

鹽　1/2 小匙

胡椒　少許

蒜泥　1/2 小匙

作法

1.高麗菜切成1㎝寬的細絲，撒鹽醃漬10分鐘。甜椒切5㎜寬細絲。

2.將魷魚身體與腳分開，去除內臟後沖水洗淨，身體切成1㎝的圈狀，腳切成適口大小。放入大量熱水裡略為汆燙後撈起瀝乾。

3.高麗菜擰乾水分，放入圓缽中，加入**2**、甜椒與調好的**A**拌勻即可。（小林）

冷藏保存	1/4份含醣量	熱量
2 天	6.1 g	273 kcal

低醣與低脂的章魚很適合做瘦身菜

莫札瑞拉香拌章魚

冷藏保存	1/4份含醣量	熱量
2 天	5.8 g	225 kcal

材料（適量）

水煮章魚　300g
莫札瑞拉起司　1個
小黃瓜　2條
番茄　大的1顆

A

麵露（3倍濃縮）　4大匙
柚子胡椒　1小匙
橄欖油　2大匙

作法

1.食材全洗淨。章魚略斜切適口薄片；番茄去籽後與小黃瓜滾刀切成適口大小；莫札瑞拉起司切適口薄片。

2.調好的**A**淋在**1**上，略為拌勻即可。（堀江）

Point

番茄去籽後料理，就不會出水

番茄橫切一半後先用湯匙將籽挖出，這樣保存時就不會變得水水的，而且還會更加入味。

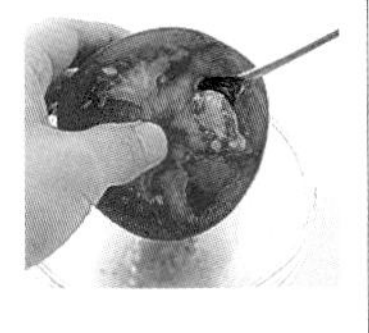

Part.4

蛋奶豆腐

最優質的蛋白質，
給身體營養與體力來源。

豆腐含有豐富的大豆蛋白，

其中所含的維生素 E，更能讓人維持年輕朝氣，

並且有效減低心血管疾病的發生。

雞蛋幾乎含有人體所需要的所有有益物質，

所以也稱為「最完整的營養庫」。

這些食材都是富含營養又在體內堆積多餘脂肪，

低醣分的特性，非常適合用來做成減醣常備菜。

加些油豆腐，份量更飽滿

苦瓜炒蛋

冷藏保存	1/4份含醣量	熱量
4~5 天	1.1 g	311 kcal

記得來杯無醣啤酒！

材料（適量）

豬五花薄肉片　200g
油豆腐　1塊
苦瓜　1條
蛋　2顆
鹽　2/3 小匙
胡椒　少許
醬油　2小匙
沙拉油　1小匙
柴魚片　5g

作法

1. 豬肉切3㎝寬。油豆腐橫切一半後再切成1㎝寬。苦瓜縱切一半，刮除籽與果絮後切成薄片。
2. 平底鍋熱好沙拉油，倒入豬肉，炒上色後依序加入苦瓜與油豆腐拌炒。
3. 加入鹽、胡椒與醬油調味，打入蛋液拌炒後倒入保存容器中，撒上柴魚片。（牛尾）

櫛瓜低醣、低熱量

西班牙煎蛋

冷藏保存	2塊份含醣量	熱量
3~4 天	2.3 g	160 kcal

材料（適量）

蛋　3顆
櫛瓜　1條（200g）

A
洋蔥末　1/4顆份（50g）
胡蘿蔔末　1小匙
魩仔魚乾　3大匙
起司粉　3大匙
鹽、胡椒　各少許
橄欖油　2大匙多

作法

1. 櫛瓜洗淨後切成薄薄的圓片。
2. 橄欖油1大匙與**A**倒入直徑20㎝的平底鍋中，加熱炒軟後倒入**1**，續炒2-3分鐘，再撒上鹽與胡椒。
3. 蛋打入圓缽，加入魩仔魚乾與起司粉攪散後，將**2**倒入攪拌。
4. 平底鍋擦乾淨，倒入剩下的橄欖油，熱好油後緩緩注入**3**。一邊用筷子攪拌一邊煎成半熟狀，整好形狀後蓋上鍋蓋，以小火續煎5分鐘。待底部煎上色時翻面，再次蓋上鍋蓋，以小火續煎5分鐘。冷卻後切成八等分即可。（小林）

Point

蛋類是人類最易吸收的蛋白質來源

蛋的醣類低，除了維生素C外，其他營養素含量亦十分均衡，堪稱優秀食品。而豆腐不僅能夠隨時攝取到植物性蛋白質，料理範圍廣泛更是廣泛。

每100g蛋奶豆腐所含醣類份量

木棉豆腐（板豆腐）	油豆腐	蛋	嫩豆腐	豆皮	納豆
1.2g	0.2g	0.1g	1.7g	1.4g	2.1g

先加熱 8 分鐘是溏心蛋的關鍵

香滷溏心蛋

冷藏保存	1顆份含醣量	熱量
3 天	1.5 g	83 kcal

材料（適量）

蛋　6 顆

高湯　1 杯

味醂、醬油　各 1/4 杯

作法

1.水煮開後輕輕放入蛋，煮8分鐘；撈起冷卻後剝殼。

2.味醂倒入鍋，煮至酒精揮發後加入高湯與醬油，混和攪拌。

3.放入水煮蛋，煮沸後熄火，直接靜置冷卻即可。（岩崎）

非常適合當作便當菜

高麗菜咖哩蛋盅

冷藏保存	1盅份含醣量	熱量
4~5 天	1.0 g	82 kcal

材料（適量）

蛋　6 顆

高麗菜　150g

鹽　1/3 小匙

咖哩粉　1/2 小匙

胡椒　少許

作法

1.高麗菜洗淨後切成5㎜寬的細絲，撒鹽輕揉，釋出水分後擰乾，撒上咖哩粉與胡椒拌勻。

2.將1均等放入矽膠杯中，各打入1顆蛋。排放在烤盤上，置於200℃的烤箱裡烘烤20分鐘，直到中間熟透為止。（牛尾）

Point

再加熱就可品嘗到剛出爐的可口滋味

要吃之前（冷凍的話先解凍）用微波爐或烤箱稍微熱過會更美味。

減醣蛋加高湯，風味更豐富

高湯蛋卷

冷藏保存	1/4份含醣量	熱量
4 天	2.8 g	119 kcal

材料（適量）

蛋　5顆
沙拉油　適量
蘿蔔泥、醬油　各適量

A

高湯　1/4 杯
鹽　1/4 小匙
醬油　1 小匙
味醂　1 大匙

作法

1.將**A**混和調勻，略為煮沸。冷卻後倒入攪散的蛋液中，再用濾網過濾。

2.熱好煎蛋鍋後塗上一層薄薄的沙拉油，倒入1/3份量的**1**，一邊用筷子小幅度攪拌，一邊將表面煎至快要變乾時，將蛋皮朝前或朝手邊捲起。

3.用沾上沙拉油的廚房紙巾再次在鍋內鋪上一層薄薄的油，分三次將剩下的蛋液倒入，每次都要讓蛋液流入煎好的蛋卷底下。重複捲起蛋卷、倒蛋液這個步驟即可。

4.冷卻後切成4塊，附上蘿蔔泥，淋上醬油。（夏梅）

口感香滑綿密的美食

味噌豆腐漬

冷藏保存	1/2份含醣量	熱量
1 週	2.1 g	100 kcal

材料（適量）

木棉豆腐（板豆腐）　2 塊
綠紫蘇　適量

A

八丁味噌　100g
信州味噌　100g

作法

1. 豆腐略微沖洗後瀝去水分，並充分拭乾。

2. 將**A**混和調勻後在廚房紙巾上薄薄塗上一層。豆腐放在正中央，密合包起，將裡頭的空氣擠出後再包上一層保鮮膜，放入保存容器中，上蓋後冷藏保存1-2天即可食用。

3. 吃時先刮取味噌，豆腐切薄片，再盛入鋪上一層綠紫蘇的容器裡。（藤田）

利用香菇水，口味更香濃

滷高野豆腐

冷藏保存	1/4份含醣量	熱量
3 天	6.9 g	144 kcal

材料（適量）

高野豆腐　4 塊
乾香菇　小的 8-12 朵
砂糖　少許
高湯　2 杯
鴨兒芹　適量

A

味醂　2 大匙
砂糖　2 小匙

B

醬油　2 大匙
鹽　少許

作法

1. 高野豆腐略微沖洗後放入溫水裡，泡軟後雙手用夾的方式將水分瀝乾，並切成四等分。

2. 乾香菇放入加了砂糖的溫水裡，泡軟後擰乾水分，切除菇蒂（大朵香菇切半），並留下1/2的湯汁備用。

3. 高野豆腐與香菇倒入鍋，注入高湯與香菇湯汁，煮沸後倒入**A**，續煮1-2分鐘；轉小火，倒入**B**，蓋上內蓋後滷煮12-13分鐘。上桌時撒上汆燙切段的鴨兒芹即可。（武藏）

Point

乾香菇可為料理添味

乾香菇充分用水泡開後，用手擠壓香菇，釋出汁液，可以提升料理的美味。

豆腐別剝太小塊，避免翻炒時更碎

蛋炒板豆腐

冷藏保存	1/4份含醣量	熱量
4~5 天	7.5 g	218 kcal

材料（適量）

木棉豆腐（板豆腐） 2塊（600g）
蛋 2個
胡蘿蔔 40g
青蔥 1/2根
香菇 大的4朵
沙拉油 4小匙

A

酒、醬油 各2大匙
砂糖 4小匙
鹽 少許

作法

1. 豆腐略微沖洗後用廚房紙巾包起，上頭壓放重物，將水分瀝乾。食材洗淨後，胡蘿蔔切絲；蔥切小段；香菇去除菇蒂後先切半再切成薄片。蛋打散。

2. 平底鍋熱好油，放入蔥段翻炒爆香後，再加入胡蘿蔔與香菇拌炒。豆腐一邊剝小塊一邊下鍋翻炒，加入**A**，一邊收汁一邊拌炒，再淋上蛋液翻炒。（岩崎）

加蛋豆皮滷煮後更能吸收湯汁精華

香滷油豆腐包

冷藏保存	1個含醣量	熱量
4~5 天	3.1 g	139 kcal

材料（8個）

豆皮 4片
胡蘿蔔 4㎝
豌豆莢 10根
蛋 小的10顆

A

高湯 2杯
薄鹽醬油 4大匙
酒、味醂、砂糖 各1大匙

作法

1. 食材全洗淨。豆皮切半，做成口袋狀後去油；胡蘿蔔切絲；豌豆莢斜切成段後再分別汆燙。

2. 蛋一顆一顆分別打入容器中，並慢慢倒入豆皮裡，均等填入**1**的蔬菜後用牙籤封口。

3. 將**A**倒入鍋，攪拌後將**2**排放其中，加熱滷煮12-13分鐘即可。（杵島）

營養師的叮嚀
COLUMN 3 保存的工具與規則

長久保存好滋味！容器如何選？如何保存最新鮮？

保存容器

保存容器的特徵隨製造商與產品而異，使用時記得遵從手上產品的注意事項。

玻璃容器

○冷藏保存
×冷凍
○透明
○不容易染色或沾上味道
○耐酸與鹽分
○耐熱玻璃的話可以微波
○耐熱玻璃的話不上蓋可以放入烤箱使用
○耐熱材質的話可以放入洗碗烘碗機裡
×可放在爐火或烤魚架上

琺瑯容器

○冷藏保存
○冷凍
×透明
○不容易染色或沾上味道
○耐酸與鹽分
×可以微波
○不上蓋可以放入烤箱使用
○可以放入洗碗烘碗機裡
○可放在爐火或烤魚架上

保存的基本規則

規則1 保存容器消毒過後再使用

保存容器用具有殺菌功能的洗碗精清洗乾淨。屬於耐熱性的容器放入水中煮沸，或者是淋熱水後再用廚房紙巾拭乾。非耐熱性的容器洗淨後建議用較熱的熱水燙過一次，或者噴灑食用消毒酒精。

考量自己的生活方式與使用的便利性
挑選喜歡的保存容器，
製作常備菜的生活會變得更加方便與輕鬆。

不鏽鋼容器

○冷藏保存
　熱導率佳，可在短時間內冷卻
○冷凍
　熱導率佳，可在短時間內冷凍
×透明
○不容易染色或沾上味道
×耐酸與鹽分（因材質而異）
×可以微波
×可以放入烤箱使用
○可以放入洗碗烘碗機裡
×可放在爐火或烤魚架上

保鮮容器

○冷藏保存
○冷凍
○透明
×不容易染色或沾上味道
×耐酸與鹽分
○可以微波
×可以放入烤箱使用
○可以放入洗碗烘碗機裡
×可放在爐火或烤魚架上
○重量輕
○價格低廉

規則2 分裝時用湯匙或菜筷

分裝時，一定要用乾淨的湯匙或筷子，嚴禁用自己用過的筷子或者是手觸摸。

規則3 放入冷度足夠的冰箱裡

要保存的料理一定要整個冷卻，蓋上蓋子後再放入冰箱或冷凍庫裡。溫熱時放入冰箱的話，會導致周遭其他食品受熱腐壞。另外，還有一點溫熱就蓋上蓋子的話，蓋子上會凝聚水滴，這樣反而不衛生。

Part.5

燉煮與湯品

喝湯會胖？！
錯！喝對湯，瘦身成功一半！

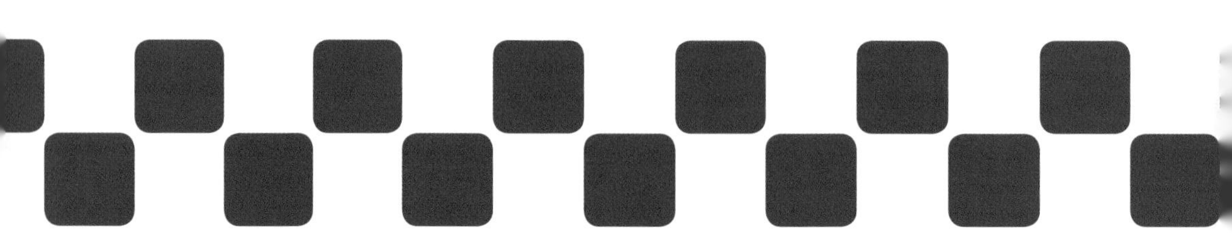

燉菜每次加熱都會變得更柔軟、更入味，
非常適合當作常備菜。

既然都花了這麼多時間燉煮，
多做一些就可以拉長享受時間了。

加上那些湯汁還可以填飽肚子，
就算沒有白飯，吃了照樣令人滿足。

STAUB

挑選材料與清淡口味是訣竅

關東煮

冷藏保存	1/4份含醣量	熱量
4~5 天	7.2 g	453 kcal

放到隔夜吃，更好吃。

材料（適量）

牛筋 300g
蘿蔔 400g
蒟蒻 1塊
海帶結 8個
油炸豆腐包 4個
水煮蛋 4顆
水煮章魚 150g
麵露（3倍濃縮） 50ml
醬油 1大匙
鹽 1/2小匙
芥末醬 適量

作法

1.牛筋切適口大小，放入冷水中，開火燙煮3小時。

2.蘿蔔洗淨後切2㎝厚的圓片，放入冷水中，開火燙煮30分鐘。

3.蒟蒻略微沖洗，劃上格子切痕後切成4塊三角形，放入熱水裡汆燙2分鐘。海帶結浸水泡軟後留下3杯湯汁備用。

4.將**1**、**2**、**3**、油炸豆腐包、水煮蛋、**1**的湯汁3杯、**3**的湯汁3杯、麵露、醬油，以及鹽倒入鍋中，以大火加熱；煮沸後轉小火，滷煮30分鐘。

5.接著放入切成適口大小的章魚續煮2分鐘即可熄火。上桌時附上芥末醬即可。（牛尾）

蝦子煎過後滋味會更甘甜香醇

泰式酸辣湯

上桌時，記得撒些香菜。

材料（適量）

鮮蝦　8 隻
洋蔥　1/2 顆
蘑菇　1 包
番茄　1 顆
大蒜　1 瓣
薑　1 片
豆瓣醬　1-1/2 小匙
雞湯　600ml
沙拉油　1 大匙

A
魚露　1 又 1/2 大匙
檸檬汁　1 大匙
鹽、胡椒　各少許

作法

1.鮮蝦洗淨後，剔除泥腸。

2.蔬菜洗淨後，洋蔥、薑與大蒜切末。

3.蘑菇縱切一半，番茄切適口大小。

4.鍋子熱好油後倒入**1**，炒出焦香味後先起鍋。

5.另取一空鍋，倒入**2**與豆瓣醬，爆香炒軟後將蝦子倒回鍋中，放入**3**與雞湯煮5分鐘，再加入**A**調味即可。（牛尾）

用料豐富，解決蔬菜不足的問題

義大利什錦蔬菜湯

冷藏保存	1/4份含醣量	熱量
4~5 天	5.2 g	94 kcal

上桌時，記得撒些巴西里。

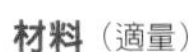

材料（適量）

培根　2 條
芹菜　1/2 根
洋蔥　1/2 顆
高麗菜　100g
番茄　1 顆
高湯粉　1 小匙
月桂葉　1 片
鹽　2/3 小匙
胡椒　少許
橄欖油　1 大匙

作法

1.培根切1cm寬，所有蔬菜洗淨後，切1cm的丁狀。

2.鍋子熱好橄欖油後依序倒入培根、洋蔥、芹菜與高麗菜翻炒。

3.加入番茄、水3杯、高湯粉與月桂葉，蓋上鍋蓋，燉煮10分鐘後撒上鹽與胡椒調味即可。（牛尾）

乳香濃郁，口感豐富

蕈菇濃湯

冷藏保存	1/4份含醣量	熱量
4~5天	6.5g	285kcal

材料（適量）

香菇、鴻禧菇、杏鮑菇　300g

洋蔥　1/2顆

鹽　1/2小匙

胡椒　少許

A

月桂葉　1片

水　1杯

B

液態鮮奶油　1杯

豆漿　1杯

味噌　1小匙

奶油　10g

作法

1.食材全洗淨。香菇與杏鮑菇切薄片；鴻禧菇撕小朵。

2.洋蔥切末。

3.鍋子熱好奶油，倒入**2**，炒軟後加入**1**拌炒；放入**A**，蓋上鍋蓋後續煮10分鐘。

4.取出月桂葉，將**3**倒入果汁機中，加入**B**，攪打成滑順狀態。

5.倒回鍋中，略為溫熱後撒上鹽與胡椒調味即可。（牛尾）

適合當作早餐的美味濃湯。

用花椰菜替代馬鈴薯
大幅提升飽足感

雞翅燉菜

冷藏保存	1/4份含醣量	熱量
4~5 天	7.7 g	156 kcal

材料（適量）

雞翅　8支
高麗菜　200g
洋蔥　1顆
胡蘿蔔　1條
花椰菜　150g
月桂葉　1片
鹽　1又1/2小匙
胡椒　少許

作法

1. 雞翅、月桂葉與水5杯倒入鍋中，蓋上鍋蓋，煮沸後續煮30分鐘。

2. 所有蔬菜全洗淨。高麗菜切塊；洋蔥切月牙形；胡蘿蔔切1.5㎝厚圓片；花椰菜分切成小朵。

3. 將**2**、鹽與胡椒倒入**1**，續煮10分鐘即可。（牛尾）

上桌時記得附上顆粒芥末醬。

均勻攝取不同種類的蛋白質

韓式豆腐鍋

冷藏保存	1/4份含醣量	熱量
4 天	4.9 g	293 kcal

材料（適量）

豆腐腦（或嫩豆腐） 2塊（600g）
牛碎肉片 150g
蛤蜊（已吐沙） 250g
蛋 4顆
青蔥 4-5根
蒜泥 1瓣分
鹽、胡椒 各適量
胡麻油 2小匙

A

酒、醬油 各1又1/2大匙
紅辣椒粉（韓國產，中粗） 1大匙
*若沒有紅辣椒粉，可以改用一味粉1/2大匙。

作法

1. 將**A**撒在牛肉上。蛤蜊外殼搓洗乾淨。
2. 鍋子熱好胡麻油，倒入蒜泥爆香後，加入牛肉略為翻炒，加入水3杯；煮沸後撈除浮末，用湯匙將豆腐挖入湯中，加入蛤蜊並煮至口張開後，撒上鹽與胡椒並熄火。上桌時打入蛋，撒上蔥花即可。（李）

海鮮挑選當季食材更美味

馬賽海鮮湯

冷藏保存	1/4份含醣量	熱量
3 天	7.8 g	306 kcal

材料（適量）

斑節蝦（帶蝦頭）　4隻
石狗公　小的2條
魷魚　1隻
淡菜　8顆
文蛤　4顆
小洋蔥　12顆
芹菜　2根
蘑菇　1包
青椒、紅椒　各1個
大蒜粗末　2瓣份
番紅花　1小撮
罐頭番茄　1/2罐（200g）
白酒　100ml
鹽　1又1/4小匙
胡椒　適量
奶油　2大匙
蒔蘿、酸奶油　各適量

作法

1.食材全洗淨。芹菜切1㎝丁狀；蘑菇切除根部後縱切一半；青椒與紅椒切成四等分後去除蒂頭與籽。

2.斑節蝦剔除泥腸；石狗公刮除魚鱗、去除內臟後切成2-3塊；魚骨用廚房專用剪刀可以輕鬆去除；魷魚的腳連同內臟一起拉出，身體剝去薄皮後切成1.5㎝寬的圈狀。腳切成適口大小。斑節蝦、石狗公與墨魚略微汆燙。

3.刮除淡菜外殼表面的汙垢後清洗乾淨。文蛤去除表面的汙垢後沖水洗淨。

4.奶油倒入鍋，加熱融化後放入大蒜，爆香後加入小洋蔥、芹菜與蘑菇，炒透後倒入番紅花與**3**的貝類拌炒。加入番茄與白酒，蓋上鍋蓋、蒸煮2-3分鐘。貝類張開後撒上鹽與胡椒，注入熱水3杯。

5.待**4**煮沸後加入**2**的海鮮與椒類，轉大火將石狗公與魷魚煮熟。上桌時再撒上蒔蘿與酸奶油即可。（夏梅）

肉切得大塊些，吃時更過癮

紅酒燉牛肉

冷藏保存	1/6份含醣量	熱量
4~5 天	5.2 g	343 kcal

材料（適量）

牛腱肉　500g
洋蔥　1/2 顆
蘑菇　1 包
大蒜　1 瓣
紅酒　1 瓶（750ml）
檸檬汁　少許
香料植物包　1 包
高湯塊　1 個
鹽、胡椒　各適量
麵粉　適量
奶油　2 大匙
沙拉油　2 小匙
液態鮮奶油　適量

作法

1.牛肉整塊切成1.5-2㎝厚後撒上鹽與胡椒，沾上一層麵粉。平底鍋熱好奶油後，將牛肉表面略為煎過。

2.蔬菜全洗淨。大蒜切末；洋蔥切1㎝厚的月牙形。鍋子熱好沙拉油後倒入大蒜與洋蔥。

3.將**2**炒軟後倒入**1**，注入紅酒，加入高湯塊與香料植物包。煮沸後撈出浮末，轉小火續煮1小時。

4.蘑菇洗淨後切除根部，並縱切一半，與檸檬汁拌勻後倒入**3**中，燉煮3-4分鐘，撒上鹽與胡椒調味。

5.上桌時再淋上液態鮮奶油即可。（森）

富含膠原蛋白的雞翅
讓人保有美麗肌膚

滷雞翅

冷藏保存	1/6份含醣量	熱量
4~5 天	4.1 g	184 kcal

材料（適量）

雞翅　12 支
蛋　4-6 顆
薑　1 片
青蔥　2 根
胡麻油　2 小匙

A
酒、味醂　各 3 大匙
醬油　2 又 1/2 大匙

作法

1. 蛋煮熟後剝殼。食材洗淨後，薑切薄片。蔥白切絲後泡水並瀝乾，蔥綠留著備用。
2. 鍋子熱好胡麻油，放入薑絲，爆香後加入雞翅，兩面煎上色。
3. 倒入剛好蓋住材料的水與蔥綠，煮沸後夾起蔥，撈除浮末。
4. 加入**A**與水煮蛋，蓋上內蓋，滷至湯汁剩下1/4為止。上桌時撒上蔥絲即可。（森）

Point
雞翅在下鍋滷煮之前先煎出香味

雞翅在滷之前先將表面煎成金黃色，這樣不僅可以增添胡麻油的香氣與薑的香味，還可以把肉汁封起來，讓雞翅更加鮮嫩多汁。

Part.6

醬料與基底

富口味變化，
讓人忍不住想大快朵頤一番！

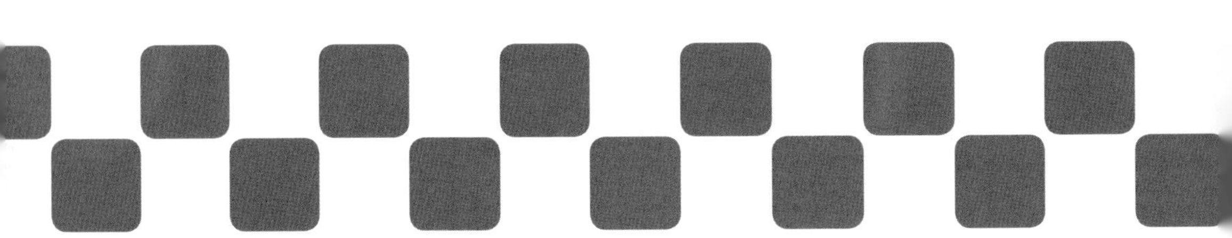

冰箱裡只要常備沾醬與淋醬，

不管是淋、沾還是拌，都可以隨時讓料理更加美味。

市售產品通常都含添加物或人工甘味，

能自己動手做當然最好。

其他像清蒸雞肉與鹹豬肉等基本配菜，

還可以自由調配，讓滋味更加豐富多變。

百搭的酸甜好滋味

特調罐裝沙拉淋醬

冷藏保存	1大匙含醣量	熱量
1~2 週	0 g	90 kcal

材料（適量）

白酒醋　1大匙

橄欖油　3大匙

鹽　2/3小匙

黑胡椒粗粒　少許

作法

1.所有材料倒入罐中，均勻拌勻。（KOGURE）

建議吃法

◆ 當作沙拉淋醬

◆ 當作醃漬液

配上肉類及海鮮可提高風味

酪梨豆腐沾醬

冷藏保存	1大匙含醣量	熱量
2 天	0.2 g	30 kcal

材料（適量）

酪梨　1顆

嫩豆腐　50g

檸檬汁　1小匙

A

橄欖油　2小匙

味噌、蒜泥　各1/2小匙

鹽　1/3小匙

胡椒　少許

作法

1.酪梨去籽與皮後用叉子搗成泥，擠上檸檬汁。豆腐壓上重物，將水分整個瀝乾。

2.將**1**與**A**混和攪拌。（牛尾）

建議吃法

◆ 當作生菜或溫野菜的沾醬。

◆ 當作水煮或用烘烤等方式烹調的肉與海鮮的沾醬。

水煮、烘烤、涼拌皆適宜

香蒜鯷魚醬

冷藏保存	1大匙含醣量	熱量
1 週	0.8 g	70 kcal

材料（適量）

大蒜　10 瓣
魚片　10 片
橄欖油　130ml

作法

1. 大蒜分成2堆，用保鮮膜包起來後微波30秒，再用叉子搗成泥。鯷魚剁碎。
2. 將**1**與橄欖油倒入耐熱容器中，蓋上保鮮膜，微波加熱30秒。

建議吃法

◆ 當作生菜或溫野菜的沾醬。
◆ 當作水煮或烘烤等方式烹調的肉與海鮮的沾醬。

中西餐點都適宜又富含營養

番茄果泥醬

冷藏保存	1大匙含醣量	熱量
1 周	1.1 g	12 kcal

材料（適量）

罐頭番茄　2 罐
大蒜　1 瓣
洋蔥　1 顆
橄欖油　2 大匙

A
月桂葉　1 片
雞湯塊　1 個
鹽　1 小匙
胡椒　少許

作法

1. 大蒜與洋蔥洗淨後切粗末。
2. 平底鍋熱好橄欖油，倒入**1**炒軟。
3. 將**A**與番茄一邊搗碎一邊倒入鍋中，煮沸後轉成略小的中火，一邊不時攪拌，一邊續煮10分鐘即可。（夏梅）

建議吃法

◆ 當作溫野菜或烤蔬菜的沾醬。
◆ 當作水煮或烘烤等方式烹調的肉與海鮮的沾醬。
◆ 淋在肉、海鮮與蔬菜上，連同起司一起烘烤。

生菜沙拉的絕佳搭配

明太子起司沾醬

冷藏保存	1大匙含醣量	熱量
3~4 天	0.4 g	46 kcal

材料（適量）

奶油起司　100g

芥末明太子　1 條

蒜泥　1/2 小匙

作法

1.起司退冰。明太子剝除薄膜後搗散。

2.所有材料混和攪拌均勻。（牛尾）

建議吃法

◆ 當作生菜或溫野菜的沾醬。

醬料香氣四溢好下菜

薑末胡麻油

冷藏保存	1大匙含醣量	熱量
1~2 週	0.7 g	65 kcal

材料（適量）

薑泥　200g

青蔥末　1 根份

胡麻油　1 杯

鹽　1 大匙

作法

1.所有材料倒入罐中，均勻拌勻。（夏梅）

建議吃法

◆ 用來炒肉或蔬菜。

◆ 當作水煮或烘烤等方式烹調的肉與海鮮沾醬。

◆ 淋在涼拌豆腐上。

來自歐洲的海洋好滋味

熱那亞風醬

冷藏保存	1大匙含醣量	熱量
1~2 週	0.1 g	78 kcal

材料（適量）

羅勒葉　100g

大蒜　1 瓣

松子　25g

橄欖油　2/3 杯

A

鯷魚醬（肉片）

起司粉　2 大匙（約 15g）

鹽　1/2 小匙

胡椒　少許

作法

1.羅勒洗淨後葉片摘下，大蒜切薄片，松子乾炒。

2.將**1**與**A**倒入食物處理機中，一邊分3-4次倒入橄欖油，一邊攪打成糊狀。（夏梅）

建議吃法

◆ 淋在生菜或溫野菜上。

◆ 當作油煎、水煮或烘烤等方式烹調的肉與海鮮的沾醬。

◆ 當作生肉淋醬。

讓你一試成主顧的香辣口感

韓式沾醬

冷藏保存	1大匙含醣量	熱量
1~2 週	2.2 g	17 kcal

材料（適量）

醬油　4 大匙
砂糖　1 大匙
磨碎的白芝麻　2 小匙
蒜泥　1 瓣分
蔥末　10 cm分
韓國辣椒粉（細粉）　1 小匙

作法

1.所有材料倒入罐中，均勻拌勻。（KOGURE）

建議吃法

◆ 當作烤肉沾醬。
◆ 當作油煎、水煮或烘烤等方式烹調的肉與海鮮的沾醬。
◆ 淋在涼拌豆腐或納豆上。

海鮮的最佳搭檔醬料

塔塔醬

冷藏保存	1大匙含醣量	熱量
2~3 天	0.6 g	48 kcal

材料（適量）

洋蔥粗末　1/6 顆分
水煮蛋粗末　1 個分
西式醃黃瓜末　1/2 條分
酸豆末　1 小匙
美乃滋　4 大匙

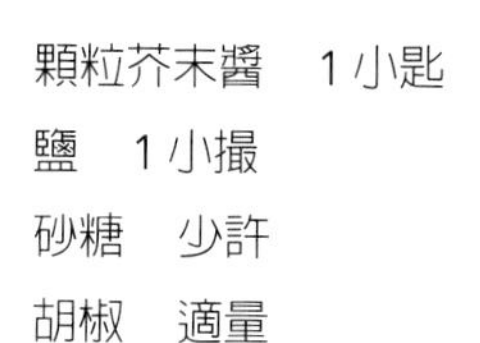

顆粒芥末醬　1 小匙
鹽　1 小撮
砂糖　少許
胡椒　適量

作法

1.所有材料倒入罐中，均勻拌勻。（KOGURE）

建議吃法

◆ 淋在用油煎、烘烤或水煮等方式烹調的海鮮上。
◆ 當作蔬菜沾醬。

解油去腥又能提味

醋洋蔥

冷藏保存	1大匙含醣量	熱量
1 週	0.7 g	4.7 kcal

材料（適量）

洋蔥　1/2 顆（100g）

醋　100ml

作法

1. 洋蔥洗淨後橫切一半後切薄片，放入保存容器中，注入醋，置於常溫底下1天。這樣就可以去除辛辣味，吃起來更順口。（今泉）

清爽不膩，還能去除鰹魚腥味

生烤鰹魚沙拉

1大匙含醣量	熱量
3.7 g	159 kcal

材料（適量）

鰹魚（生魚片用）　1/2 塊（150-200g）

醋洋蔥（連同洋蔥）　50-100g

萵苣葉　2-3 片

綠紫蘇　1/2 把

沙拉油　1 小匙

A

鹽、黑胡椒粗粒　各少許

醋　1 大匙

作法

1. 食材全洗淨。鰹魚去除略為發黑的部分；萵苣撕適口大小；綠紫蘇切絲。
2. 平底鍋熱好沙拉油，鰹魚帶皮面朝下，下鍋煎30秒後翻面，略為煎過後立刻起鍋，與**A**拌勻，並切成適口大小。
3. 萵苣與鰹魚盛入容器中，放上醋洋蔥與綠紫蘇，並依喜好淋上醬油。（今泉）

適合海鮮的清爽風味

薑絲醋

冷藏保存	1大匙含醣量	熱量
1 週	0.5 g	4.5 kcal

材料（適量）

薑　40g

醋　4 大匙

作法

1. 薑削皮後切絲，放入保存容器中，注入醋，置於常溫底下1天即可食用。（今泉）

充滿清涼口感的海鮮拌菜

章魚醋拌小黃瓜

1大匙含醣量	熱量
3.0 g	68 kcal

材料（2 人份）

水煮章魚　100g

小黃瓜　1 條

鹽　1/4 小匙

A

薑絲醋（含薑絲與醃汁）　2 大匙

麵露（3 倍濃縮）　1 大匙

水　1 大匙

作法

1. 章魚切薄片。小黃瓜切片，與鹽以及1大匙的水按揉後略微洗淨，並擰乾水分。
2. 將A倒入圓缽中，與章魚以及小黃瓜拌勻後盛入容器中。（今泉）

連同湯汁冷卻是雞肉鮮嫩多汁的訣竅

清蒸雞肉

冷藏保存	1/6份含醣量	熱量
4~5 天	0.1 g	194 kcal

材料（適量）

雞胸肉　2片

鹽　1小匙

青蔥（蔥綠部分）　1根份

薑片　1片

A

白酒　50ml

水　50ml

作法

1. 雞胸肉略微沖洗後擦乾、撒鹽。

2. 將**1**放入鍋中，加上蔥與薑，注入**A**；蓋上鍋蓋，煮沸後轉較弱的中火，蒸煮10分鐘。

3. 熄火後直接靜置冷卻，最後再連同蒸煮的湯汁與薑蔥倒入保存容器中。（牛尾）

檸檬與大蒜芳香濃郁

南洋涼拌雞肉絲

1人份含醣量 5.8 g　熱量 178 kcal

材料（2人份）

小黃瓜 1條
紫洋蔥 1/2顆份
甜椒 1/2顆
香菜 10g
清蒸雞肉 1/2片

A（自製醬汁）
魚露 1大匙
檸檬汁 2小匙
蒜泥 1/2小匙
薑泥 1/2小匙

作法

1. 食材全洗淨。小黃瓜切細絲；紫洋蔥切薄片；甜椒切薄片；香菜切段與撕成絲的清蒸雞肉混和。
2. 將**A**與2小匙蒸雞肉的湯汁拌勻。
3. 將**2**淋在**1**上即可（牛尾）

膳食纖維豐富且維生素E含量多

酪梨肉丁沙拉

1人份含醣量 1.0 g　熱量 247 kcal

材料（2人份）

酪梨 1/2個
清蒸雞肉 1/2片
海苔絲 適量

A（自製醬汁）
醬油 1/2小匙
山葵醬 1/4小匙

作法

1. 食材全洗淨。酪梨、清蒸雞肉切丁，與**A**拌勻後盛入容器，並撒上適量海苔絲。

加上韭菜增添維生素，營養滿點

肉片佐韭菜蕈菇醬

1人份含醣量 1.5 g　熱量 324 kcal

材料（2人份）

香菇 30g
鴻禧菇 30g
胡麻油 1小匙

A（自製醬汁）
醬油 1小匙
蠔油醬 1小匙

作法

1. 香菇與鴻禧菇洗淨後切碎，用胡麻油炒過後加入切碎的韭菜，倒入蒸過雞肉的湯汁與**A**。
2. 調好的醬汁淋在斜切成薄片的清蒸雞肉上。（牛尾）

直接吃或變化菜式都讓人食指大動

香煮鹹豬肉

冷藏保存	1/6份含醣量	熱量
4~5 天	0.1 g	316 kcal

材料（適量）

豬梅花肉塊　500g

鹽　1大匙

作法

1.豬肉抹鹽後放入圓缽中，蓋上保鮮膜，置於冰箱至少1天（最好是2-3天）。

2.豬肉放入鍋，注入滿滿的水，蓋上鍋蓋，煮沸後轉較弱的中火，繼續滷煮2小時。

3.熄火後直接靜置冷卻，最後再連同蒸煮的湯汁倒入保存容器中（肉塊如果綁上棉線的話，拆下後再放入容器中保存）即可。（牛尾）

不管是湯汁還是豬肉通通派上用場

日式燉菜

1人份含醣量 3.8g　熱量 362kcal

材料（2人份）

鹹豬肉　200g
蕪菁　大的1顆
蕪菁葉　1顆份
小洋蔥　4顆
香菇　2朵
海帶結　4個

作法

1.食材全洗淨。鹹豬肉切成適口大小；蕪菁、蕪菁葉、小洋蔥、香菇與海帶結放入鹹豬肉湯*中，燉至蔬菜變軟為止（牛尾）

*鹹豬肉湯可視味道鹹淡加水稀釋，並取2又1/2杯的份量（以湯汁1杯加水1又1/2杯為標準）。

利用蒟蒻絲做成越南河粉口味

蒟蒻湯麵

1人份含醣量 1.1g　熱量 237kcal

材料（2人份）

蒟蒻絲　適量
鹹豬肉　100g

A

蔥花　2大匙
磨碎的白芝麻　2小匙
薑泥　1/4小匙
蒜泥　1/4小匙
胡麻油　2小匙
一味粉　少許
醬油　1小匙

作法

1.起鍋汆燙蒟蒻絲後撈起；鹹豬肉切成薄片備用。

2.將2杯加水稀釋的鹹豬肉湯汁當麵湯（湯1杯加水1杯為準），加入1的蒟蒻絲，中火溫熱後盛入容器，放上1的鹹豬肉。

3.淋上用A調成的醬汁。（牛尾）

配上菠菜還是小松菜都好吃

炒青菜

1人份含醣量 2.2g　熱量 363kcal

材料（2人份）

青江菜　150g
大蒜　1瓣
胡麻油　1小匙
醬油　1小匙
鹹豬肉　200g)

作法

1.蔬菜全洗淨。青江菜切段；大蒜細絲

2.鹹豬肉切絲。

3.平底鍋開中火熱胡麻油，加入1略為翻炒後倒入醬油調味。

4.加入2的鹹豬肉（200g）略為拌炒。（牛尾）

適合當作沙拉配料

鮭魚鬆

冷藏保存 4~5 天 | 1/4份含醣量 0.3 g | 熱量 106 kcal

材料（適量）

生鮭魚片　3片
白酒　2大匙
鹽　1/2小匙
醬油　1小匙

作法

1.鮭魚略為沖洗後，起鍋煮沸水，放入鮭魚，煮5分鐘後取出瀝乾，一邊剔除魚皮、魚骨與發黑的肉塊，一邊把魚肉搗碎。

2.另起鍋，將**1**、白酒與鹽倒入鍋中，一邊加熱一邊將水分炒乾。

3.加入醬油續炒，待魚肉整個炒散後即可熄火。（牛尾）

用豆皮替代比薩麵皮就可以減醣

日式鮭魚豆皮比薩

1人份含醣量 0.7 g　熱量 186 kcal

材料（2人份）

豆皮　1片
比薩用起司　30g
鮭魚鬆　40g
水煮蛋　1個
蔥花　1大匙
海苔絲　適量

作法

1.水煮蛋去殼後切成圓形片備用。

2.豆皮攤開後內側朝上，依序放上比薩用起司、鮭魚鬆與**1**、蔥花。

3.放在烤魚架或烤箱裡烘烤，待起司絲融化後即可取出，最後撒上海苔絲即可。（牛尾）

加上葡萄酒醋增添酸味

醋醃蕈菇

冷藏保存 4~5 天 | 1/4份含醣量 2.9 g | 熱量 140 kcal

材料（適量）

香菇、杏鮑菇、鴻禧菇、金針菇　各 1 包（100g）

大蒜薄片　1 瓣份

月桂葉　1 片

迷迭香　1 株

白酒醋　1 又 1/2 大匙

鹽　1/2 小匙

胡椒　少許

橄欖油　50ml

作法

1. 食材全都洗淨。香菇與杏鮑菇切薄片；鴻禧菇與金針菇撕開。

2. 平底鍋熱好橄欖油後放入**1**、大蒜、月桂葉與迷迭香拌炒，等所有材料都沾上油時即可熄火。

3. 冷卻後加入白酒醋、鹽與胡椒調味即可。（牛尾）

爽口不膩的肉類佳餚

香煎雞排佐醋醃蕈菇

1人份含醣量 2.9 g　熱量 768 kcal

材料（2人份）

雞腿肉　2片
鹽、胡椒、油、荷蘭芹　少許
醋醃蕈菇　1/4份

作法

1.雞腿肉各撒上少許鹽與胡椒備用。

2.起鍋倒入一層薄薄的油，放入**1**兩面煎熟後盛盤。

3.盤子旁各放上1/4份量的醋醃蕈菇，附上荷蘭芹即可。（牛尾）

Part.7

甜點

零食也能做成減醣料理？
甜點控一定要看。

雖然不可以吃含有麵粉的烘焙點心，

但是冰淇淋與奶油是沒有問題的。

至於甘味料就用可以替代砂糖與蜂蜜，

減醣或低醣類甘味料吧。

（調理／牛尾理惠）

蘭姆酒的芳香能撫慰心意

乳香豆腐

材料（適量）

嫩豆腐　1 塊
鮮奶油　1/4 杯
阿斯巴甜（糖漿）　1 又 1/2 大匙
蘭姆酒　1 小匙

作法

1. 豆腐上頭壓放重物，把水分整個瀝乾。

2. 加入剩下的材料，攪拌至滑順為止。

吃時記得撒上喜歡的核果。

冷藏保存	1/4份含醣量	熱量
3~4 天	1.6 g	99 kcal

含醣量不高，吃了不會發胖

抹茶冰淇淋

冷凍保存	1/4份含醣量	熱量
2 週	3.0 g	293 kcal

材料（適量）

蛋黃　3 顆份
豆漿（無調整）　1 杯
液態鮮奶油　杯
抹茶　1 大匙
羅漢甜味劑　4 大匙

作法

1.豆漿與羅漢甜味劑倒入鍋，加熱至與體溫一樣熱。

2.抹茶倒入圓缽中，一邊慢慢加入**1**，一邊攪拌。倒入液態鮮奶油後繼續拌勻。

3.另取一圓缽，打入蛋黃，一邊慢慢加入**2**，一邊攪拌。倒入保存容器中，置於冰箱冷凍（每隔1小時就取出攪拌一次）即可。

Point

羅漢甜味劑與阿斯巴甜

利用從瓜果科果實「羅漢果」中萃取的精華，以及葡萄酒與蕈菇裡頭所含的甘味成分赤蘚醇（Erythritol）製成的甘味料。赤蘚醇屬於醣類的一種，不過就算攝取也不會被身體吸收，而且超過90%都會被排出體外。

把起司做成甜點，還可以攝取鈣質

提拉米蘇

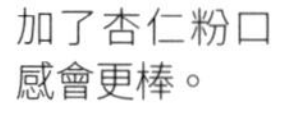

加了杏仁粉口感會更棒。

材料（適量）

馬斯卡彭起司（Mascarpone Cheese）　250g

蘭姆酒　1 小匙

A

即溶咖啡　2 小匙

熱水　1 大匙

羅漢甜味劑（糖漿）　1 又 1/2 大匙

杏仁粉　10g

可可粉　適量

作法

1.蘭姆酒倒入馬斯卡彭起司中攪拌。

2.羅漢甜味劑加入**A**中攪拌。

3.將**1**盛入保存容器中，撒上杏仁粉，淋上**2**，最後再用濾茶器將可可粉撒在上面即可。

冷藏保存	1/2份含醣量	熱量
3~4 天	2.3 g	428 kcal

用茶包的茶葉
也可以簡單做出來

紅茶布丁

冷藏保存	1份含醣量	熱量
4~5 天	6.1 g	122 kcal

材料（焗烤盅 4 個）

牛奶　2 又 1/2 杯
蛋　2 顆

A

紅茶茶葉　3 大匙
肉桂棒　1 根
薄薑片　2 片
丁香　5 粒
羅漢甜味劑　3 大匙

作法

1.牛奶與**A**倒入鍋，以較小的中火熬煮後，用濾茶器過濾倒入圓缽中，略為冷卻。

2.另取以圓缽，把蛋攪散，一邊慢慢倒入**1**，一邊攪拌。

3.注入耐熱容器中，放在鋪上一層布巾的烤盤上，並在烤盤裡倒入1cm高的水。

4.放入170℃的烤箱裡蒸烤30分鐘。取出冷卻後每一個蓋上保鮮膜，放入冰箱即可。

甜度足夠，卻減醣！

肉・肉類加工品

雞肉

絞肉

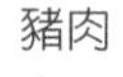

豬肉

牛肉

羊肉

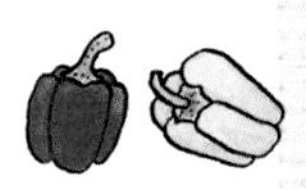

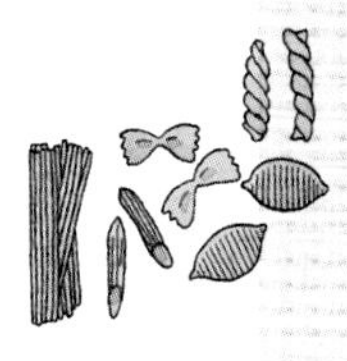

CHOCO

野菜
100%

sugar

減醣常備菜150

營養師親身實證，一年瘦20kg的瘦身菜

編　　者 | 主婦之友社
譯　　者 | 何姵儀 Peyi Ho
發 行 人 | 林隆奮 Frank Lin
社　　長 | 蘇國林 Green Su

出版團隊

總 編 輯 | 葉怡慧 Carol Yeh
日文主編 | 許世璇 Kylie Hsu
企劃編輯 | 王俞惠 Cathy Wang
裝幀設計 | 林家琪 Chiachi Lin
內文排版 | 林家琪 Chiachi Lin

行銷統籌

業務經理 | 吳宗庭 Tim Wu
業務專員 | 蘇倍生 Benson Su
黃惠敏 Amin Huang
業務秘書 | 陳曉琪 Angel Chen
莊皓雯 Gia Chuang
行銷企劃 | 朱韻淑 Vina Ju
康咏歆 Katia Kang

發行公司 | 精誠資訊股份有限公司　悅知文化
105台北市松山區復興北路99號12樓
訂購專線 | (02) 2719-8811
訂購傳真 | (02) 2719-7980
專屬網址 | http://www.delightpress.com.tw
悅知客服 | cs@delightpress.com.tw
ISBN：978-986-93371-0-6

建議售價 | 新台幣350元
初版一刷 | 2016年8月

國家圖書館出版品預行編目資料

減醣常備菜150 / 主婦之友社作；何姵儀翻譯. -- 初版. -- 臺北市：精誠資訊, 2016.08
176面；17×23公分
ISBN 978-986-93371-0-6(平裝)
1.食譜 2.減重

427.1　　105011187

建議分類 | 生活風格・烹飪食譜

讀者回函

《減醣常備菜150》

感謝您購買本書。為提供更好的服務，請撥冗回答下列問題，以做為我們日後改善的依據。
請將回函寄回台北市復興北路99號12樓（免貼郵票），悅知文化感謝您的支持與愛護！

姓名：________________________ 性別：□男 □女 年齡：_____ 歲

聯絡電話：(日)__________________ (夜) _____________________

Email：____

通訊地址：□□□-□□ ______________________________________

學歷：□國中以下 □高中 □專科 □大學 □研究所 □研究所以上

職稱：□學生 □家管 □自由工作者 □一般職員 □中高階主管 □經營者 □其他 ____________

平均每月購買幾本書：□4本以下 □4~10本 □10本~20本 □20本以上

- 您喜歡的閱讀類別？(可複選)

  □文學小說 □心靈勵志 □行銷商管 □藝術設計 □生活風格 □旅遊 □食譜 □其他 __________

- 請問您如何獲得閱讀資訊？(可複選)

  □悅知官網、社群、電子報 □書店文宣 □他人介紹 □團購管道

  媒體：□網路 □報紙 □雜誌 □廣播 □電視 □其他 ______________________

- 請問您在何處購買本書？

  實體書店：□誠品 □金石堂 □紀伊國屋 □其他 ______________________

  網路書店：□博客來 □金石堂 □誠品 □PCHome □讀冊 □其他 ________________

- 購買本書的主要原因是？(單選)

  □工作或生活所需 □主題吸引 □親友推薦 □書封精美 □喜歡悅知 □喜歡作者 □行銷活動

  □有折扣 _______ 折 □媒體推薦 ______________________________

- 您覺得本書的品質及內容如何？

  內容：□很好 □普通 □待加強 原因：____________________________

  印刷：□很好 □普通 □待加強 原因：____________________________

  價格：□偏高 □普通 □偏低 原因：____________________________

- 請問您認識悅知文化嗎？(可複選)

  □第一次接觸 □購買過悅知其他書籍 □已加入悅知網站會員www.delightpress.com.tw □有訂閱悅知電子報

- 請問您是否瀏覽過悅知文化網站？ □是 □否

- 您願意收到我們發送的電子報，以得到更多書訊及優惠嗎？ □願意 □不願意

- 請問您對本書的綜合建議：______________________________

- 希望我們出版什麼類型的書：______________________________

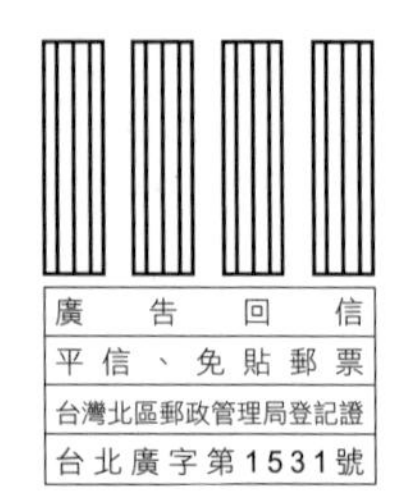

廣　告　回　信
平信、免貼郵票
台灣北區郵政管理局登記證
台北廣字第1531號

SYSTEX making it happen 精誠資訊 | dp 悅知文化 Delight Press

精誠公司悅知文化　收

105 台北市復興北路99號12樓

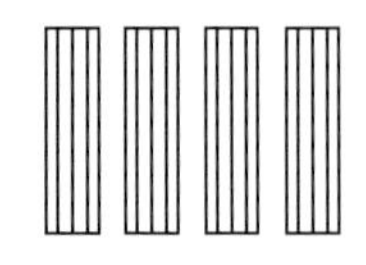

（請沿此虛線對折寄回）

減醣常備菜150

營養師親身實證，一年瘦20kg的瘦身菜

dp 悅知文化 Delight Press